示范性职业教育重点规划教材
职业教育应用型人才培养“十三五”规划教材

园林技术实务

（一分册）

主　编◎周晓红
副主编◎杨　敏　陈建林　晁　燕
钟　祥　王一曼
参　编◎施　蓉

西南交通大学出版社
·成　都·

图书在版编目（CIP）数据

园林技术实务. 一分册 / 周晓红主编. —成都：西南交通大学出版社，2016.8
示范性职业教育重点规划教材
ISBN 978-7-5643-5009-3

Ⅰ. ①园… Ⅱ. ①周… Ⅲ. ①园林－工程－高等职业教育－教材 Ⅳ. ①TU986.3

中国版本图书馆 CIP 数据核字（2016）第 213183 号

示范性职业教育重点规划教材

园林技术实务

（一分册）

主编 周晓红

责任编辑	曾荣兵
助理编辑	张秋霞
封面设计	何东琳设计工作室
出版发行	西南交通大学出版社 （四川省成都市二环路北一段 111 号 西南交通大学创新大厦 21 楼）
发行部电话	028-87600564 028-87600533
邮政编码	610031
网址	http://www.xnjdcbs.com
印刷	四川森林印务有限责任公司
成品尺寸	185 mm × 260 mm
印张	6.75
字数	166 千
版次	2016 年 8 月第 1 版
印次	2016 年 8 月第 1 次
书号	ISBN 978-7-5643-5009-3
定价	22.00 元

课件咨询电话：028-87600533

贵阳职业技术学院教材编写委员会名单

前　言

针对教育部《关于以就业为导向深化高等职业教育改革的若干意见》中提出的高等职业教育“应以服务为宗旨、以就业为导向……培养面向生产、建设、管理、服务第一线需要的‘下得去、留得住、用得上’、实践能力强、具有良好职业道德的高技能人才”的培养目标，我们编写了本书，以适应园林技术在我国城市建设、社区建设、新农村建设、城镇化建设、景区建设中的应用，适应社会对园林技术一线人才的需求。

目前我国高等职业教育已进入一个快速发展时期，职业教育的教育模式正在悄然改变，传统学科体系的教学模式正逐步转变为行动体系的教学模式，项目化教学是其良好的模式之一，但传统教材无法满足项目化教学需求。园林技术是一个综合性、实践性极强的学科，本书基于园林技术实施过程中的程序和项目任务，教学目标清晰，教学形式丰富，过程有趣，结果评价综合、客观，有较强的可操作性，强调“做中教，做中学”，以学生为主体，以教师为主导，符合国家层面对高等职业教育的宏观要求。

由于时间和水平有限，书中不妥之处在所难免，请同行和广大读者批评指正，我们深表感谢！

编　者

2016年4月

目　录

项目一　居住区绿地规划设计

一个优秀的小区环境设计，可以全方位地提升整个楼盘的品味，渲染其独特个性，强化楼盘的卖点，在令人眼花缭乱的房地产市场上脱颖而出，让人眼前一亮，给楼盘带来无可估量的价值增量和源源不绝的客流，这一点是毋庸置疑的。目前各式风格各异、主题独特的小区园林让人眼花缭乱、目不暇接，但无论哪种风格、哪种主题，要想获得市场的认同，都必须突出一个人性化的设计思想，以人为本，最终目的都是让都市中忙碌的人们在有限的时间和空间内更多地接触自然，因为人离不开自然，亲近自然是人内心本能的渴望，自然的最佳体现就是水与绿色。但一味讲求自然而没有文化内涵的园林最终也会流于粗糙肤浅，一样不会成功；只有赋予了人文的色彩，园林才有品位，才会真正鲜活起来。

一、项目要求

通过对居住区绿地规划设计知识的学习，能够用所学的知识对居住区绿地进行规划与设计，编制出适宜的设计方案。

时间要求：教学与操作时间为 10 个课时。

质量要求：符合国家园林规划设计质量标准。

安全要求：严格按照园林工程施工规程进行设计。

文明要求：按照文明施工规则指导设计方案。

环保要求：积极按照园林环保要求制作设计方案。

二、项目分析

居住区作为人居环境最直接的空间，是城市绿化系统的重要组成部分，是一个相对独立于城市的“生态系统”。它为人们提供休息、恢复的场所，使人们的心灵和身体得到放松，在很大程度上影响着人们的生活质量，它也是城市生态系统的重要环节。

三、项目实施的路径与步骤

（一）项目路径

本项目实施的路径如图 1-1 所示。

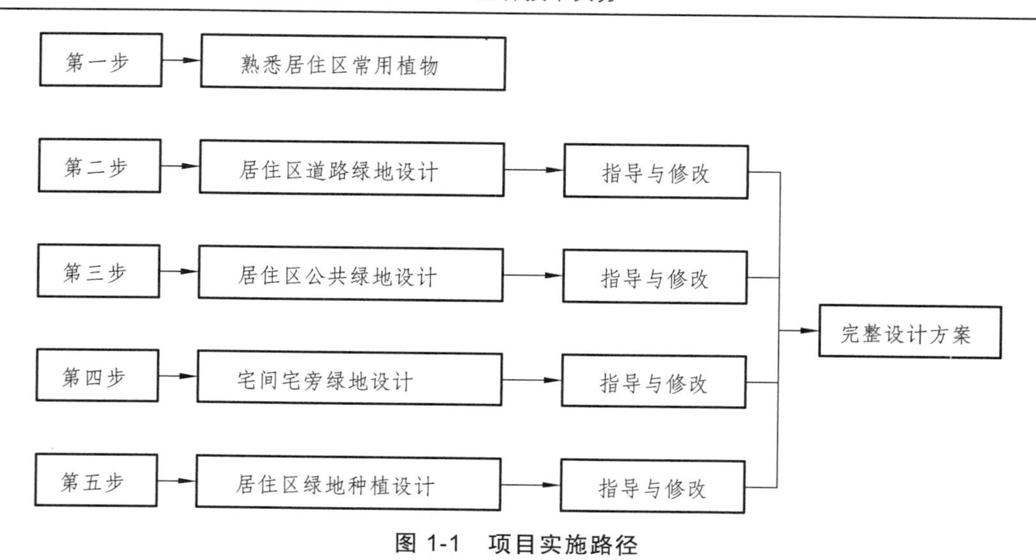

图 1-1 项目实施路径

（二）项目步骤

1. 熟悉居住区常用植物（45 分钟）

居住区设计主要以园林植物为重点，其园林植物由乔木、灌木、草本植物和藤本植物组成，使小区绿地有层次、有大小、有色彩、有形态、有香味，小区常用的乔木与图例如图 1-2 所示。

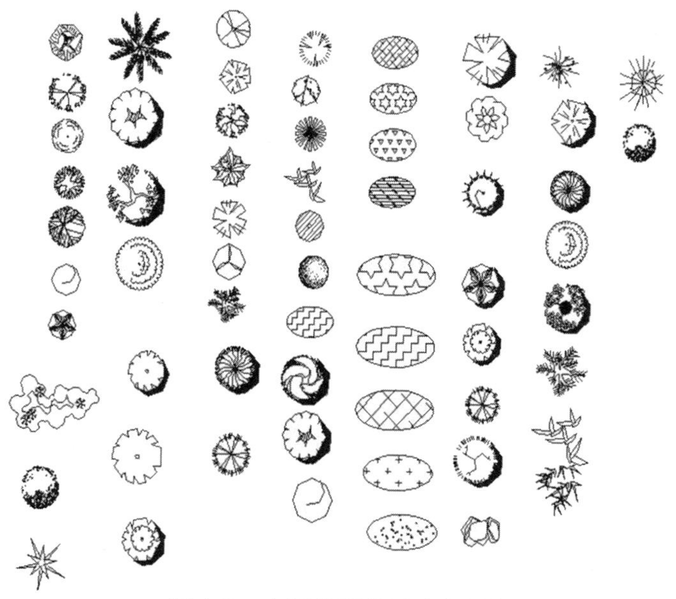

图 1-2 小区常用的乔木与图例

2. 居住区道路绿地设计（45 分钟）

居住区道路如同绿色网络，联系着居住游园、组团绿地、宅旁绿地，可到达每个居住单元门口。

1）居住区主干道的绿化设计

居住区主干道是联系各小区及居住区内外的主要道路，除了行人外，车辆交通比较频繁，行道树的栽植要考虑行人的遮阳与交通安全，在交叉路口急转弯处要依照安全三角视距要素绿化，保证行车安全。主干道路面宽阔，选用体态雄伟、树冠宽阔的乔木，使主干道绿树成荫，在人行道和居住建筑之间可多行列植或丛植乔灌木，以起到防止尘埃和隔声的作用，行道树以馒头柳、桧柏和紫薇为主，以贴梗海棠、玫瑰、月季相符。绿带内以开花繁密、花期长的半支莲为地被，在道路拓宽处可布置花台、山石小品，使街景花团锦簇，层次分明，富于变化。

2）小区级干道的绿地设计

居住小区道路是联系各住宅组团的道路，是组织和联系小区各项绿地的纽带，对居住小区的绿化面貌有很大的影响。这里以人行为主，也常是居民散步之地，树木配置要活泼多样，并根据居住建筑的布置、道路走向以及所处位置、周围环境等加以考虑。在树种选择上，可以选小乔木及开花灌木，特别是一些开花繁密的树种、叶色变化的树种，如合欢、樱花、五角枫、红叶李、乌桕、栾树等。每条道路又选择不同树种，不同断面种植形式，使每条路各有个性，在一条路上以一、二种花木为主题，形成合欢路、樱花路、紫薇路、丁香路等。如北京古城居住区的古城路，以小叶杨树作为行道树，以丁香为主栽树种，春季丁香盛开，一路丁香一路香，紫白相间一路彩，给古城路增景添彩，也成为古城居民欣赏丁香的好去处。

3）宅间小路的绿化设计

住宅小路是联系各个住宅的道路，宽 2 m 左右，供人行走，绿化布置要适当后退 0.5 ~ 1 m，以便必要时急救车和搬运车驶进住宅。小路交叉口有时可适当放宽，与休息场地结合布置，也显得灵活多样，丰富道路景观。行列式住宅各条小路，从树种选择到配置方式采取多样化，形成不同景观，也便于识别家门。如北京南沙沟居住小区，形成相同的住宅建筑间的小路，在平行的 11 条在建小路上，分别栽植馒头柳、银杏、柿、元宝枫、核桃、油松、泡桐、香樟等树种，既有利于居民识别自己的家，又丰富了住宅绿化的艺术趣味。

道路绿地设计时，有的步行路与交叉路口可适当放宽。主路两旁行道树不应与城市道路的树种相同，要体现居住区的植物特色，在路旁种植设计要灵活自然，与两侧的建筑物、各种设施相结合，疏密相间，高低错落，富有变化。道路绿化还应考虑增加或弥补住宅建筑的差别，因此在配置方式与植物材料选择、搭配上应有特点，采取多样化，以不同的行道树、花灌木、绿篱、地被、草坪组合不同的绿色景观，加强识别性。在树种的选择上，由于道路较窄，可选种中小型乔木。

在造园中有“路从景出，景随路生”，在居住及道路绿化中也正是如此，这也说明路与景相辅相成的关系。因此随着道路沿线的空间收放，绿化设计应给人以观赏的动感，如某小区主路呈“S”状，每一个转折点都创造了不同的景致，使居民出行过程中赏心悦目，不会感到枯燥。经过各个景点的仔细安排，人们从小区的南到北、北到南都能经历不断变化的景观效果，感受到步移景异的情趣。

3. 居住区公共绿地设计（90 分钟）

居住区公共绿地要适合居民的休息、交往、娱乐等。在规划中要注意统一原则，合理组织，采取集中与分散、重点与一般相结合原则，居住区公园设计含水库、建筑、园林小品、活动场地和花草树木等。

居住区小游园仍以绿化为主，多设座椅、儿童游戏设施、健身器材等。

居住区内的公共绿地，应根据居住区不同的规划布局形成设置相应的中心绿化带，以及老人、儿童活动场地和其他的块状、带状公共绿地。

居住区内公共绿地的总指标，应根据居住人口规模分别达到：组团不少于 0.5 m^2/人，小区（含组团）不少于 1 m^2/人。居住区（含小区和组团）不少于 1.5 m^2/人，并应根据居住区规划布局形式统一安排，灵活使用。旧区改造可酌情降低，但不得低于相应指标的 70%。

在居住区的规划设计中，每个居住区都有一处自己的公共中心区域，为本居住区内的居民提供商业、文化、娱乐等服务。这个公共中心常常和中心绿地结合起来，形成整个居住区的共享空间。居住中心绿地在居住区中应位置适中并靠近小区主路，方便各年龄段的居民前去使用，所以它常与商业服务中心、文化体育设施和儿童游戏场地等相结合，方便全区居民购物、观赏、游乐、休息以及锻炼身体。

居民区中心绿地根据其面积大小及设置的内容不同，一般又可分为居民区公园、小游园、组团绿地 3 级，其根据居民区用地面积的大小、居民人数的多少相应布置内容和规模。

中心绿地至少有一个边与相应级别的道路相邻，绿化面积（含水面）不宜小于绿地面积的 75%，便于居民休息、散步和交往，宜采用开敞式，以绿篱或其他通透式院墙栏杆做分隔。

1）居民区公园

居民区公园是为整个居民区服务的。公园面积比较大，其布局与城市小公园相似，设施比较齐全，内容比较丰富，有一定的地形地貌；有功能分区、景区划分；除了花草树木以外，有一定比例的建筑、活动场地、园林小品、活动设施。

居民区公园内设施要齐全，最好有体育活动场所，适应各年龄人群活动的游戏场所及小卖部、茶室、棋牌、花坛、亭廊、雕塑等活动设施和丰富的四季景观的植物配置。但专供青少年活动的场地不要设在交叉路口，其选址应既方便青少年集中活动，又可避免交通事故，其中活动空间大小、设施内容的多少可根据年龄、性别不同合理布置，植物配置应选用夏季遮阳效果好的落叶大乔木，结合活动设施布置疏林地。可用常绿绿篱分隔空间和绿地外围，并成行种植大乔木，以减弱喧闹声对周围住户的影响，绿化树种避免选择带刺或有毒、有味的树木，应以落叶乔木为主，配以少量的观赏花木、草坪、草花等；在大树下加以铺装，设置石凳、桌、椅及儿童活动设施，方便老年人休息或看管孩子。居住区公共绿地户外活动时间较长、频率较高的使用对象是儿童及老人，因此在规划时，内容的设置、位置的安排、形式的选择均要考虑其使用方便。

2）居住区小游园

小游园是为居民提供活动休息的场所，利用率高，要求位置适中，方便居民前往，充分利用自然地形和原有绿化基础，并尽可能和小区公共活动或商业服务中心结合起来布置，使居民的游憩和日常生活活动相结合，使小游园以其可达性吸引居民前往。购物之余，到游园内休息，交换信息，或到游园游憩的同时，顺便购买物品，使游憩、购物都方便。如与公共活动中心结合起来，也能达到同样的效果。

小游园平面布置形式原则上分为规则式、自由式和混合式。按绿地对居民使用的功能分类，其布置形式又可分为开放式、封闭式、半开放式。小游园广场是以休息为主，设置座椅、花架、花台、花坛、花钵、雕塑、喷泉等，有很强的装饰效果和实用效果，在小游园里布置的休息、活动场地，其地面可以进行铺装，用草皮或吸湿性强的沙子铺地。

小游园以植物造园为主，在绿色植物的映衬下，适当布置园林建筑小品，可丰富绿地内容，增加游憩趣味，使空间富于变化，也为居民提供停留休息观赏的地方。

4. 宅间、宅旁绿地设计（45 分钟）

住宅四周及庭院内的绿化是住宅区绿化的最基本单元，最接近居民，是居民夏季乘凉、冬季晒太阳，就近休息赏景、供幼儿玩耍、晾晒衣物的重要空间，并且宅间绿地具有“半私有”性质，满足居民的领域心理，因而受到居民的喜爱。同时，宅间绿地在居民日常生活的视野之内，便于邻里交往，便于学龄前儿童较安全地游戏、玩耍。另外，宅间绿地直接关系到居民住宅的通风透光、室内安全等一些具体的生活问题，因此备受居民重视。宅间绿地因住宅建筑的高低、布局方式、地形起伏，其绿化形式有所区别时，绿化效果才能够反映出来。

1）宅间绿化应注意的问题

（1）绿化布局。树种的选择要体现多样化，以丰富绿化面貌。行列式住宅容易造成单调感，甚至不易辨认外形相同的住宅，因此可以选择不同的树种，不同的布置方式，形成易识别的标志，起到区别不同行列、不同住宅单元的作用。

（2）住宅周围常因建筑物的遮挡造成大面积的阴影，树种的选择上受到一定的限制，因此要注意耐阴树种的配置，以确保阴影部位具有良好的绿化效果，可选用桃叶珊瑚、罗汉松、十大功劳、金丝桃、金丝梅、珍珠梅、绣球花等，以及玉簪、紫萼、书带草等宿根花卉。

（3）住宅附近管线比较密集，如自来水管、污水管、雨水管、煤气管、热力管、化粪池等，应根据管线分布情况，选择合适的植物，并且栽植时要留够距离，以免产生后患。

（4）树木的栽植不要影响住宅的通风采光，特别是南向窗前应尽量避免栽植乔木，尤其是常绿乔木，冬天由于常绿树木的遮挡，使室内晒不到太阳而有阴冷之感，是不可取的，若要栽植，则一般应栽在窗外 5 m 远处。

（5）绿化布置要注意尺度，以免由于树种选择不当而造成拥挤、狭窄的不良感觉，树木的高度、行数、大小要与庭院的面积、建筑间距、层数相适应。

（6）把庭院、屋脊、天井、阳台、室内绿化结合起来，通过植物把室外环境连成一体，使居民有一个良好的心理感觉，使人赏心悦目。

2）宅间绿化布置的形式

（1）低层行列式空间绿化。每幢房屋之间多以乔木相隔，选用和布置形式应有差异。基层的杂物院、晒衣场、垃圾场一般都种植常绿乔木、绿篱等加以隔离。向阳一侧种植落叶乔木，用于夏季遮阳、冬季采光，背阴一侧选用耐阴常绿乔灌木，以阻挡冬季寒风，东、西两侧种植落叶乔木，减少夏季西晒。靠近房基处种植开花灌木，以免妨碍室内采光与通风。

（2）周边是居住建筑群、中部空间的绿化。一般情况下，可设置较大的绿地，用绿篱或栏杆围出一定的用地，内部可用常绿树分隔空间，可采用自然式亦可采用规则式，可采用开放型亦可采用封闭型，设置草坪、花坛、座椅、座凳，既起到隔声、防尘、遮挡视线、美化环境的作用，又可为居民提供休息场所，形式可多样，层次宜丰富。

（3）多单元式住宅四周绿化。由于大多数单元式住宅空间距离小，而且受建筑高度的影响，比较难绿化，为进一步防晒，可种植攀缘植物，效果比较好。

（4）庭院绿化。一般对于庭院的布置，因其有较好的绿化空间，多以布置花木为主、辅以山石、水池、花坛、园林小品等，形成自然、幽静的居住生活环境，甚至可依居民喜好栽种名贵花木及经济林木。赏景的同时，辅以浓浓的生活气息，也可依草坪为主，栽种树木花草，而使场地的平面布置多样而活泼、开敞。

（5）住宅建筑旁的绿化。住宅建筑旁的绿化应与庭院绿化、建筑格调相协调。

（6）生活杂务用场地的绿化。在住宅旁有杂务院、垃圾站等，一要位置适中，二要利用绿化将其隐蔽，以免有碍观瞻。

5. 居住区绿地种植设计（45 min）

1）居住区植物配置的原则

园林植物配置是将园林植物等绿地材料进行有机结合，以满足不同功能和艺术要求，创造出丰富的园林景观。合理的植物配置既要考虑植物的生态条件，又要考虑它的观赏特性，既要考虑植物自身美，又要考虑植物之间的结合美和植物与环境的协调美，还要考虑具体地点的具体条件。正确地选择树种，采取理想的配置，将会充分发挥植物的特性构成美景，为园林增色。

（1）乔灌结合，常绿植物和落叶植物、速生植物和慢生植物相结合，适当地配置和点缀花卉、草坪。在树种的搭配上，既要满足生物学特性，又要考虑绿化效果，创造出安静优美的环境。

（2）植物种类不宜繁多，但也要避免单调，更不能配置雷同，要达到多样统一。在儿童活动场地，要通过少量不同树种的变化，便于儿童记忆、辨认场地和道路。

（3）在统一基调的基础上，树种力求变化，创造出优美的林冠线和林缘线，打破建筑群体的单调和呆板感。

（4）在栽植上，除了需要行列栽植外，一般都要避免等距离栽植，可采用孤植、对植、丛植等，适当运用树景、框景等造园手法，将装饰性绿地和开放性绿地相结合，创造出丰富的绿地景观。

（5）在种植设计中，充分利用植物的观赏特性，进行色彩的结合与协调，通过植物叶、花、果实、枝条和干皮等在一年四季中的色彩变化为依据来布置植物，创造出季相景观。

2）居住区绿化树种的选择

居住区道路绿化树种选择要重视以下几点要求。

（1）冠幅大，枝叶密。

（2）深根性。由于深根性植物根系生长力很强，可向较深的土层伸展，不会因为经常践踏而造成表面根系破坏，从而影响正常生长。

（3）耐修剪。要求有一定高度的分枝点（一般为 2 m 左右）侧枝不能刮碰过往车辆，并且有整齐美观的形象。

（4）落果少，无飞毛，无毒，无刺，无刺激性。经常落果或飞絮的树种容易污染居民的衣物，尤其污染空气环境。

（5）发芽早、落叶晚。选择发芽早落叶晚的阔叶树可增加绿色期。

其他绿地的树种应注意选择乡土树种，结合速生植物，保证种植的成活率和环境及早成景。但是树种在选择时最应注意的是突出特色。例如北京某小区4个组团各有自己的景观特色，每组树群分别突出植物的花、香、果、绿4大特色。采用玉兰、丁香和宿根花卉等，重点在于观花，采用玫瑰、月季等突出花香，采用大枣、海棠等侧重观果，采用平面绿地与立面绿化结合，则强调各种色彩搭配。各组团又以白皮松、雪松、油松和龙柏穿插其间，做到三季有花、四季有绿。与此同时，在建筑物的墙面及周围栏杆上栽植攀缘植物，借以扩大绿化面积，增加生态效益。

四、项目预案

设计一个2 000～5 000 m^2 的居住区绿地。

五、项目实施和评价

（1）组织形式：本项目实施，对学生进行分组，4～5人组成一个工作组，各组中每人单独进行，组长协助教师参与指导，本组学生进行设计，检查实施进程的质量，学生自评，小组互评，最后教师考评。

（2）所需设备与材料：制图室以及绘图桌（板）、绘图笔、尺等制图工具。

（3）项目评价：按时间、质量、安全、文明、环保要求进行考核，学生先自评，本组再互评，最后由教师总结评分，见表1-1。

表1-1　项目考核评价表

序号	考核项目	考核内容及要求	评分标准	分值	学生自评	小组互评	教师考核	说明
1	时间	450分钟	不按时完成无分	5				
2	质量要求	植物布局与设计	植物选择不合理扣5分； 植物布局不合理扣5分； 植物搭配不合理扣5分	35				
		道路建设小品设计	设计的规格比例不合理扣5分； 设计与总体布局不搭配扣5分； 设计不新颖呆板扣3分	35				
		设计上色	色彩搭配不合理扣3分； 色彩单调扣3分	10				
3	安全要求	设计比例图例	比例不合理、图例不适宜扣1～5分	5				
4	文明要求	有设计说明	设计说明不明确扣1～5分	5				
5	环保要求	图纸表现	图纸不干净、无方向、无设计人等扣1～5分	5				

六、项目作业

对某小区进行园林规划设计。

七、项目拓展

对某中型小区进行规划设计（要求用针管笔一次成型，并上色）。

项目二　小区园林绿化施工管理

小区园林绿化工程对提升城市形象、改善环境条件和提高人们的生活质量有着重要的影响，园林绿化工程伴随着城市经济的飞速发展应运而生，是城市建设中不可或缺的一个重要组成部分。城市建设水平的提高，促进了园林绿化工程的不断发展，建设小区园林绿化工程也逐渐呈现蓬勃发展的趋势。园林绿化工程是一项专业性和综合性都很强的工作，对工程施工的要求很高，因此，必须要加强工程施工的管理工作，在工程施工过程中对各项施工要素进行科学有效的管理。

一、项目要求

某小区的一个较完整的绿化工程施工管理，其中包括地形、水体、园林小品、花架、绿地、景亭、花池等。

时间要求：3 个月。

教学学时：20 课时。

质量要求：达到甲方（客户）在合同（合约）中提出的各项标准，确保建成优良工程。

安全要求：防止重伤、杜绝死亡、安全检查达标。

文明要求：按照文明生产规划进行项目作业。

环保要求：按照环境保护要求进行项目作业。

二、项目理论

要完成该小区的绿化施工，需要具备常规知识，如图 2-1 所示。

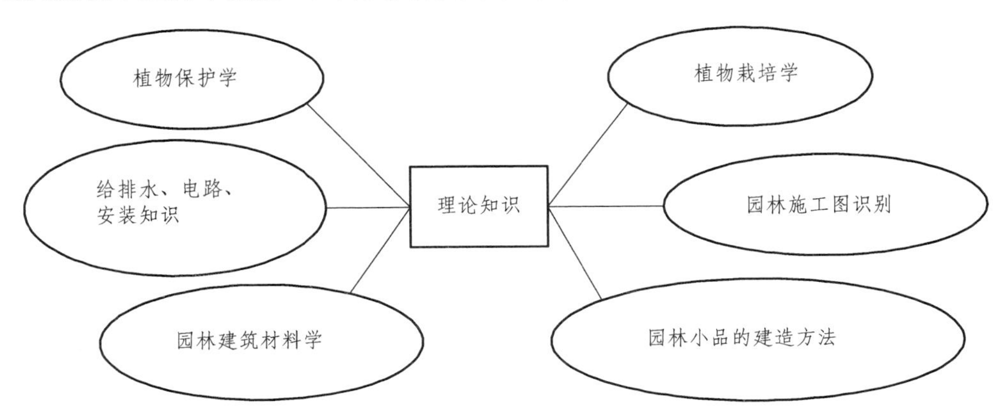

图 2-1　绿化施工所需知识结构

三、项目分析

该小区园林景观工程是一个较完善的典型园林绿化施工工程，内容包含较多，掌握后就能对一般小区园林施工管理有一个比较完整的理解，对于其他简单的小区园林就容易把握，该园林景观工程如图 2-2 所示。

图 2-2　某小区园林景观工程

四、项目实施的路径与步骤

（一）项目路径

第一步：图纸识别与分析。
第二步：施工准备。
第三步：施工→管理。
第四步：检查质量→验收。

（二）项目步骤

1. 图纸识别

首先对效果图有一个整体印象，了解各种园林要素的分布、总面积及分面积大小。

2. 施工准备

（1）召开专题会：针对本工程的特点、难点进行分析、研究、论证，形成针对本工程特点的施工方案。

（2）管理体系的落实：选调过硬的技术人员组织项目部，由项目工程师监管，实行项目经理负责制，在项目经理的领导下层层把关、层层落实、各负其责、明确奖罚，形成一支技术过硬、业务精干的施工队伍。

（3）思想保证：围绕“创优良工程”这个主题，奖罚分明，调动各方的工作积极性。

（4）技术准备。

① 组建具备监管、项目工程师为技术负责的技术管理体系，设专职技术员、质检员、施工员、安全员、材料员。

② 组织施工人员勘察现场，会审图纸，深刻领会设计意图。

③ 做好技术交底。技术交底要详细讲给工人，做到人人心中有数，严格按技术交底及操作规程施工。

④ 人员的培训。工人入场要进行三级教育培训，工人持证上岗。

3. 施工

（1）土方的倒运、置换：自配机动翻斗车辆，场内土方的倒运即可自行解决，另外，施工现场已经换好部分种植土，但深度还达不到设计要求的 50 cm，在种植土下个别地方还有石灰，必须换出，部分垃圾就地挖坑掩埋，翻出好土重新改良作为种植土。

（2）土壤的改良：由于新换入的土壤大部分为生土，不能直接用于苗木的种植，因此要对土壤进行改良，土壤的改良要经过以下几个步骤。

① 土壤 pH 值的测试：对土壤的 pH 值进行测试，根据土壤的酸碱性，确定改良土壤用的肥料。合格种植土的标准，含盐量不大于 2%，pH 值为 7 ~ 8.5。

② 土壤的砂性测试：土壤的砂性小则黏性大，土壤透气性差，许多苗木的成活率会大大降低；土壤的砂性大，则土壤不能存水、存肥，对苗木的生长不利。

③ 对土壤进行中耕松土：用犁地机、旋耕机对土壤进行松土；对于机械不便工作的地方，如排水井边、路边等，采用人工松土。松土的最小深度为 30 cm。

④ 施肥：根据土壤测试的结果进行施肥。一般情况下，应按如下方案进行施肥：有机肥：复合肥：尿素 = 1：1：1，(37 ~ 52)g/m^2。

⑤ 整平：按图纸要求及现场特点对地进行整平，做好起伏。

（3）园路工程。

① 园路土基：本工程所有园路的土基均为素土夯实，人工整理出土基后，用蛙式打夯机连打三遍，保证土基密实度和稳定性，对于打夯机打不到的地方用人工夯实至设计要求。

② 垫层：本工程垫层共有两种，包括混凝土垫层和砂石级配垫层。混凝土垫层在施工时严格配比，浇制之前先洒水湿润土基，浇筑时用平板振动器震动密实，找好平。砂石级配垫层严格砂石比例为 1：2，铺设时浇水湿润，并用平板振动器震动密实。

③ 路面的铺筑：本工程的路面面层有鹅卵石路面、彩色压砼路面、大理石路面、彩色水泥砖路面、碎拼大理石路面、青石板路面、拼花路面等几种形式。下面重点以鹅卵石路面和彩色膜压砼路面的施工为例将施工方案和施工顺序作一下说明。

鹅卵石路面：垫层打好后，将 4 ~ 6 cm 厚的干硬性水泥砂浆铺好找平，然后将鹅卵石按设计图样排放好，鹅卵石要嵌入干硬性砂浆三分之二，外露三分之一，然后用纯水泥浆灌实，待初凝后，将鹅卵石用清水洗出，3 ~ 5 天内洒水湿润养护即可。

彩色模压砼路面：彩色模压砼路面是在混凝土处于初凝阶段铺洒上强化料、脱模粉，用专用成型模压入混凝土面层表面，以形成各种仿天然的石纹和图案。高压冲洗并待混凝土面层干燥后，用专用工具将保护剂喷洒或涂刷在混凝土面层，这样原本平凡普通的混凝土就会产生各种美观自然、色彩真实持久、质地坚固耐用的砖石地板等纹理效果。

（4）假山工程：本工程为一座高为 3.8 m、直径为 2.2 m 的假山。

① 本工程在施工过程中，假山石选用时要注意相形态、相皴纹、相质地、相色泽，做到“相石合宜、构山得体”。

② 假山定位放线，本工程放线采用 50 cm × 50 cm 尺寸画出方格网，以其方格与山脚轮廓线的交点作为地面放样根据。

③ 假山基础的施工：原土夯实→铺筑垫层→砌筑基础。

④ 假山山脚的施工。

拉底：底脚石选择石质坚硬、不易风化的山石。每块山脚石必须垫平垫实，用水泥砂浆将底脚空隙灌实，不得有丝毫摇动感，各山石之间要咬合紧密，互相连接，形成整体，以承托上面山体的荷载分布，拉底的边缘要错落变化，避免做成平直和浑圆形状的脚线。

起脚：起脚石应选择质地坚硬的山石。砌筑时，先砌筑山脚线突出部位的山石，再砌筑凹进部位的山石，最后砌筑连体部位的山石。假山的起脚宜小不宜大，宜收不宜放，起脚石全部摆砌完成后，将其空隙用碎砖石填实灌浆，同时起脚石选择大小相同、形态不同、高低不等的料石，使其犬牙交错，相互首尾连接。

做脚：做脚是对山脚的装饰。

⑤ 假山水景施工：山石水景体现的是山水组合刚柔并济、动静交呈、相得益彰的效果。

山石驳岸的布置：山石驳岸最忌成几何对称形状，对互为对岸的岸线要有争有让，山石驳岸的断面也要善于变化，使其具有高低、宽窄、虚实和层次的变化。

（5）园桥工程：本工程有小桥、曲桥，其中包括拱桥。

小拱桥跨度为 x m，桥宽 x m，工艺较简单，在施工中须注意以下几点。

① 钢筋的制作和绑扎严格按图纸施工。

② 混凝土的振捣必须密实。

③ 小拱桥表面的金山石、石栏杆必须细致、美观。

（6）喷灌工程、路灯、草坪灯安装工程。

① 管沟开挖：根据喷灌工序特点要求，在回填好种植土后进行开挖，开挖时，深度必须达到设计要求，同时在遇到园路时则加 100 cm 过路管。

② 沟槽挖完后，及时报项目部质检员做检查工作，在自检达到设计要求及施工规范的条件下，请建设单位进行验收并及时办理相关手续，以便于及时组织管道安装。

③ 管道材质、规格型号等必须符合设计要求和施工规范规定管道的允许偏差，严格控制在设计要求范围内。

④ 管道设备安装：根据管道设备安装的技术要求先于沟底铺砂垫层，再按设计要求进行安装，安装完成后，喷灌工程做好闭水实验，路灯、草坪灯工程做电阻测试记录。实验合格后方可进行土方回填。

⑤ 回填土：管道安装经甲、乙双方验收合格后方可回填土，回填土时，须分层回填，并沉水，以保证绿化地平整无下陷。

（7）园林小品工程：本工程共有 x 座亭子，有木亭、竹亭、茅草亭。这三个亭子的式样各异，做法不同。由专业从事木作的负责施工。

（8）绿化种植工程。

① 整理绿化地：土壤改良工作完成后，整理绿化地的工作主要是耙地，达到绿化条件。

② 人工换土：土层不够厚和土质低劣的地方要将个别种植大树的地方进行换土。

③ 苗木栽植前的准备。

a. 选苗：选苗标准为植株茁壮、无病虫害、根系发达而完整、枝条丰满、无机械损伤、高度合适、主侧枝分枝均匀、能够形成优美的树冠。

b. 苗木起挖：大部分苗木要考虑栽植的季节性，须带土球起挖的苗木，均由自己的施工人员亲自起挖，起挖土球直径为苗木地径的 10 ~ 12 倍，灌木土球直径为冠幅的三分之二。起挖时，保存好苗木的毛细根系，减少对苗木的人为损伤，带土球的苗木起出后，用草绳捆扎，裸根苗木起出后根系蘸泥浆，随挖随运，尽可能减少蒸腾作用对苗木的伤害。在苗木的装卸过程中，杜绝人为因素对苗木造成损伤。

c. 种植穴：种植穴定点放线应符合设计图纸要求，位置准确，标志明显，同时应标明树种名称（或代号）规格。

d. 带土球苗木的运输：土球苗木在装车时，应按车辆行驶方向，将土球向前、树冠向后码放整齐，起吊土球小型苗木时，应用绳网兜土球吊起，不得用绳索缚捆根茎起吊，质量超过 1 t 的大型土台，应在土台外部套钢丝缆起吊；苗木在装卸车时应轻吊轻放，不得损伤苗木和造成散球。裸根乔木在运输时，应覆盖并保持根系湿润，装车时应码放整齐，装车后，将树干捆牢并加垫层以防止磨损树干，裸根乔木必须当天种植，裸根苗木起苗开始暴露时间不宜超过 8 h，当天不能种植的苗木应进行假植。花灌在运输时可直接装车。装运竹类时，不得损伤竹竿和竹鞭之间的着生点和鞭芽。带土球小型花灌木运至施工现场后，应紧密排码整齐，当日不能种植时，应喷水保持土球湿润。

e. 苗木的修剪：种植前应修剪苗木根系，宜将劈裂根、病虫根、过长根剪掉并对树冠进行修剪，保持地上地下平衡。具有明显主干的高大落叶乔木应保持原有树形，适当疏枝，对保留的主侧枝应在健壮芽上短截，可剪去枝条的 1/5 ~ 1/3。无明显主干、枝条茂盛的落叶乔木，对干径为 10 cm 以上树木，可疏枝保持原树形；对干径为 5 ~ 10 cm 的苗木，可选留主干上的几个侧枝，保持原有树形进行短截。枝条茂密具圆头型树冠的常绿乔木可适量疏枝。枝叶集生树干顶部的苗木可不修剪。具轮生侧枝的常绿乔木用作行道树时，可剪除基部 2 ~ 3 层轮生侧枝。常绿针叶树不宜修剪，只剪除病虫枝、枯死枝、生长衰弱枝、过密的轮生枝和下垂枝。用作行道树的乔木，第一分枝点以下枝条应全部剪除，分枝点以上枝条应酌情疏剪或短截，并应保持树冠原型。带土球或湿润地区带宿土裸根苗木及上年花芽分化的开花灌木不宜作修剪，当有枯枝、病虫枝时应予以剪除。枝条茂密的大灌木可适量疏枝。对嫁接灌木，应将接口以下砧木萌生枝条剪除。分枝明显、新枝着生花芽的小灌木，应顺其树势适当强剪，促生新枝，更新老枝。用作模纹的乔灌木，可在种植后按设计要求整形修剪。苗圃培育成型的绿篱，种植后应加以整修。攀缘类和蔓性苗木可剪除过长部分。攀缘上架苗木可剪除交错枝、横向枝。苗木修剪质量剪口应平滑，不得劈裂。枝条短截时应留外芽，剪口应距留芽位置以上 1 cm。修剪直径 2 cm 以上大枝及粗根时，截口必须削平并涂防腐剂（无毒油漆或薄膜）。

④ 树木种植：苗木种植前，必须经过监理人员、设计人员、质检人员对种植穴尺寸、苗木质量认可后方可施工。树木放入种植穴前，应先检查种植穴大小及深度，不符合根系要求时，应修整种植穴。种植裸根树木时，应将种植穴底填土呈半圆土堆，置入树木填土至 1/3 时，轻提树干使根系舒展，并充分接触土壤，随填土分层踏实。带土球树木必须踏实穴底土层，而后置入种植穴，填土踏实。种植时，根系必须舒展，填土应分层踏实，种植深度应与

原种植线一致。竹类可比原种植线深 5 ~ 10 cm。模纹成块种植或群植时，应由中心向外按顺序退植。坡式种植时应由上向下种植。大型块植或不同彩色丛植时，宜分区分块种植。假山或岩缝间种植，应在种植土中掺入苔藓、泥炭等保湿透气材料。种植带土球树木时，不易腐烂的包装物必须拆除。

⑤ 在非种植季节对落叶乔木的修剪。

a. 苗木必须提前采取疏枝、环状断根或在适宜季节起苗用容器假植等处理。

b. 苗木应进行强修剪，剪除部分侧枝，保留的侧枝也应疏剪或短截，并应保留原树冠的三分之一，同时必须加大土球体积。

c. 可摘叶的应摘去部分叶片，但不得伤害幼芽。

d. 夏季可搭棚遮阴、树冠喷雾、树干保湿，保持空气湿润；冬季应防风防寒。

⑥ 干旱季节，种植裸根树木应采取根部喷布生根激素、增加浇水次数等措施。针叶树可在树冠喷聚乙烯树脂等抗蒸腾剂。

⑦ 对排水不良的种植穴，可在穴底铺 10 ~ 15 cm 砂砾或铺设渗水管、盲沟，以利排水。

⑧ 树木种植后浇水。

a. 树木种植后应在略大于种植穴直径的周围，筑成高 10 ~ 15 cm 的灌水土堰，堰应筑实，不得漏水。坡地可采用鱼鳞穴式种植。

b. 新植树木应在当日浇透第一遍水，以后应根据当地情况及时补水。北方地区种植后浇水不少于三遍。

c. 黏性土壤，宜适量浇水，根系不发达树种浇水量较多，肉质根系树种浇水量宜少。

d. 秋季种植的树木，浇足水后可封穴越冬。

e. 干旱季节或遇干旱天气时，应增加浇水次数。干热风季节，应对新发芽生叶的树冠喷雾，宜在上午 10 时前和下午 15 时后进行。

f. 浇水时应防止因水流过急冲刷裸露根系或冲毁围堰，造成跑漏水。浇水后出现土壤沉陷，致使树木倾斜时，应及时扶正、培土。

g. 浇水渗下后，应及时用围堰土封树穴。再筑堰时，不得损伤根系。

⑨ 树木种植后的支撑、固定。

种植胸径 5 cm 以上的乔木，应设支柱固定。支柱应牢固，绑扎树木处应夹垫物，绑扎后的树干应保持直立。

攀缘植物种植后，应根据植物生长需要，进行绑扎或牵引。

（9）草坪的建植。

本工程地被植物品种较多，有酢浆草、美国五彩石竹、金娃娃萱草、早熟禾、马尼拉等 5 种。其中酢浆草、美国五彩石竹、金娃娃萱草为宿根多年生地被植物，须栽植，马尼拉满铺即可，早熟禾须播种。

① 草坪播种：选择优良种，不得含有杂质，播种前应作发芽试验和催芽处理，确定合理的播种量。

播种时应先浇水浸地，保持土壤湿润，稍干后将表层土耙细、耙平，进行撒播，均匀覆土 0.3 ~ 0.5 cm 后轻压，然后喷水。

播种后应及时喷水，水点宜细密均匀，浸透土层 8 ~ 10 cm，除降雨天气外，喷水不得间断。亦可用草帘覆盖保持湿度，至发芽时撤除。

② 马尼拉草坪的铺设：草块应选择无杂草、生长势好的草源。在干旱地掘草块前应适量浇水，待渗透后掘取。草块运输时宜用木板置放 2～3 层，装卸车时应防止破碎。铺设草块可采取密铺或间铺。密铺应互相衔接不留缝，间铺间隙应均匀，并填以种植土。草块铺设后应滚压、灌水。

（10）养护管理。

安排养护工作人员 x 名，全年进行养护管理，园林绿化养护管理工作需要一年四季不间断地进行，其内容有浇水与排水、施肥、中耕除草、整形与修剪、病虫害防治、防寒等。

① 浇水与排水。

新栽苗木由于蒸腾量大，为了保持地上地下水分平衡，促其生根，必须经常浇水，使土壤处于湿润状态。在天气干旱时，还必须向树冠和枝干进行喷水。特别是根据植物生长需要，在不同的时间浇灌保活水、生长水、冬水，以保证植株正常的生长需要。对新栽苗木，应在 4、5、6、9、10 和 11 月份对新植苗木每日至少浇水 1 次。如给植株施肥，施肥后应立即浇水，促使肥料渗透至土壤内成水溶液状态被根系吸收，同时使肥料浓度降低而不致烧根。

冬季在封冻前浇 1 次冬水。另外，排水主要集中在每年的 7 月份和 8 月份。当绿地出现积水时，应及时排水。

② 施肥。

由于花卉苗木的生长需求，需要不断的补充养分，给苗木施肥可以有效解决苗木养分不足的问题。氮肥应在春季发芽、生长旺盛之际施入；花芽分化时期应多施磷肥；秋季应加施磷肥、钾肥，停施氮肥。施肥之后要立即浇水。一般施肥随下雨或浇水时进行。

③ 中耕除草。

小区绿地行人多，土壤受践踏会板结，因此需要及时对绿地进行中耕，以利于根系生长。

杂草消耗大量的水分和养分，影响植物生长，同时会传播各种病虫害。对园林绿地内的杂草要经常灭除。除草本着“除早、除小、除了”的原则。春夏季要除草 2～3 次，切勿让杂草结籽。除草经常结合中耕进行。也可用除草剂进行灭草。中耕除草应在晴天进行。

④ 整形与修剪。

园林树木的整形修剪可常年进行，如抹芽、摘心、除蘖、剪枝等，但大规模的整形修剪宜在休眠期进行为好，此时可避免伤流过多，影响树势。

⑤ 病虫害防治。

绿化植物在生长过程中，经常遭到各种病虫危害，影响植株的正常生长和观赏效果。使用百菌清、代森锰锌，每半月 1 次，用至 10 月中旬；在 6—9 月份的高温季节，使用粉锈宁，每半月 1 次；锌硫磷、呋喃丹交错使用，每半月 1 次，用来杀死地下害虫。

⑥ 防寒。

a. 采取加强栽培管理，增强植株的抗寒能力。

b. 早春及时浇水，降低土温，推迟植株的活动期，使植株免受冻害。

c. 用稻草或草绳将树干包裹起来涂白。

4. 质量保证体系、保证措施及检测方法

1）质量保证体系

为了保证工程质量目标的完成，建立二级管理、三级保证的质量保证体系。二级管理即

项目经理部的质量管理和质检部、安全部的质量管理，三级保证是指项目经理对工程质量要有保证，质检员、安全员对工程质量要有保证，总工程师对工程质量要有保证。

2）质量保证措施

（1）认真落实岗位负责制。

（2）建立日检、周检、月检、季检制度。

① 日检：由工地质检员每日进行质量检查，做好检查记录，报公司质检科备案。

② 周检：由质检员、安全员、工程项目经理、工程施工员、工程质检员、工程安全员每周六进行质量检查，由公司质检员做好记录、备案。

③ 月检：由公司总工办组织、质检部、安全部、材料部及项目经理部参加，每月 10 号进行质量检查，将检查结果做好记录、备案。

④ 季检：由部门负责人项目经理参加，每季度的中间月的 15 号检查。

（3）建立奖罚制度，使工程质量与经济效益挂钩，根据周检、月检、季检的结果对各负责人作奖罚处理。

（4）做好质量交底并组织工人学习规范标准，学习时间不得低于 2 h。

（5）对材料入场严格把关，不合格材料坚决不允许进场。

（6）加强工序管理，上道工序检验不合格，不得进入下道工序。

（7）加强与建设方、监理方的联系和密切配合，听从监理工程师的指挥，共同保证工程质量目标的实现。

（8）引进先进的工艺和做法。如对彩色模压砼路面、鹅卵石路面的工艺改进，对部分树种的栽植方法改进，如银杏可采用“渗透”栽植法，使其成活率达到 100%，另外采用生根粉、叶宝绿喷洒及使用保水剂等。

（9）一般 11 月 15 号后进入冬季施工，土建项目要加防冻剂，园林绿化项目要对苗木进行包装包温，如缠草绳、缠塑料布，对苗木的根部要进行重点保温，不能冻根。

3）质量检测方法

为保证工程质量，我公司建立健全了质量检验、检测制度，具体检测方法如下。

（1）土建分部的建材等送有质检资质的部门进行质量检验。

（2）园林、小品、绿化分部：首先观察园路、小品是否美观，苗木的树形是否好看，行道树、片林是否规则；其次用放大镜检查观测，查看树木是否病变。

（3）将土壤或树木的枝木、树叶、树根等带回化验室，用显微镜检查，并对土壤的 pH 值或酸性、碱性进行分析。

五、项目预案及实施

本项目以学生为个体单位，选 10 个左右学生为一组，组长即项目负责人，一个班级分四至五个组，项目负责人在项目实施开始后，要将组员有机地分配到各个施工程序中去参与管理。

各组长定时汇总情况，相互考核、打分，出现问题由教师协调解决。

六、项目作业

以小组为单位，独立完成某小区的施工管理，该小区可以比本项目少 2 ~ 3 个要素，比如假山、小桥，如图 2-3 所示。

图 2-3　某小区园林绿化景观

七、项目拓展

空体假山制作。对于园林小品，目前假山的制作除了实体假山，现在大量运用空体假山制作，解决承重问题，比如墙面假山工艺。

制作的具体步骤如下所示。

（1）材料准备。

① 钢筋。

② 水泥。

③ 麻片。

④ 颜料。

（2）焊接造型。

（3）麻片浸水泥浆。

（4）浸水泥浆后的麻片铺在焊接好的造型上进行整形、定形。

（5）固化后上色。

项目三　小区植物栽植与养护

花草树木与人们的工作、生活息息相关，随着城市现代化发展脚步的加快，人们越来越渴望拥有一个优美的生活环境。居住区合理绿化、大量种植绿色植物，能够杀菌消毒、净化空气、调节和改善居住区的气候，使夏季阴凉清新，冬季温和爽适，处处生机勃勃。

居住小区绿化应该注意以下几点：适应绿化的功能要求，适应所在地区气候、土壤条件和自然植被分布特点，选择乡土树种等抗病虫害能力强、易养护管理的植物，体现地域特点。充分利用植物的各种功能和观赏特点，合理配置，常绿与落叶、速生与慢生相结合，构成多层次的复合生态结构，以达到人工配置的植物群落自然和谐的效果。植物品种的选择要在统一的基调上力求丰富多样，单一化的配置最不可取。要注重种植位置的选择，以免影响室内的采光通风和其他设施的管理维护。

任务一　草本园林植物的栽植与养护

一、项目要求

小区绿化，需要栽植草本植物并对其进行养护。

时间要求：教学学时为 10 个课时。

质量要求：符合国家小区绿化质量验收相关标准。

安全要求：严格按照安全操作规程进行项目作业。

文明要求：自觉按照文明生产规则进行项目作业。

环保要求：努力按照环境保护要求进行项目作业。

二、项目分析

草本植物是小区绿化不可缺少的园林植物，具有绿化地表、美化环境、防尘降温等的功能，主要包括一、二年生和多年生草本植物。栽培方式主要为露地移栽和容器栽培。

三、项目实施的路径与步骤

（一）项目路径（见图 3–1）

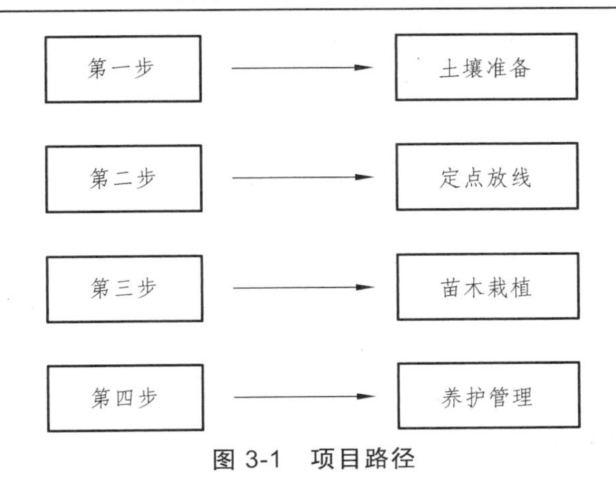

图 3-1　项目路径

（二）项目步骤

1. 土壤准备（4 课时）

1）露地移栽方式的土壤准备

（1）整地施肥：一般在秋天耕地，到春季再整地作畦。疏松表土，耕作深度一般为 10～30 cm。耕地时在地表施一层有机肥，随耕翻土壤进入耕作层。必要时拌入药土（呋喃丹、福尔马林等）进行消毒。耙碎土块，混合肥料，平整土地，清除杂草。

（2）作畦：一、二年生植物栽植多用畦（床）栽形式，常用高畦和低畦两种形式，如图 3-2 所示。我国南方多雨地区常用高畦（床）。

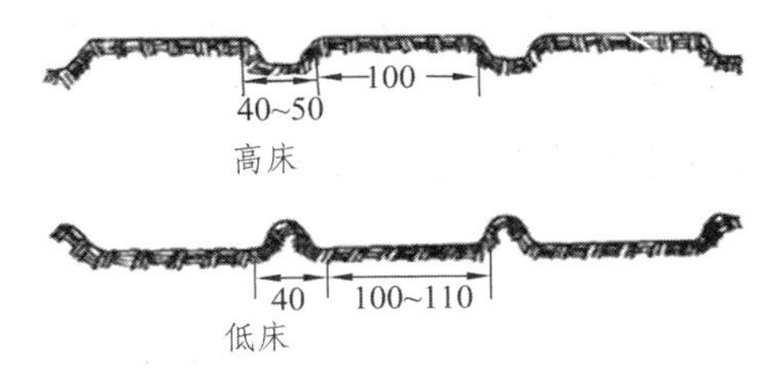

图 3-2　高畦和低畦（单位：cm）

理论链接 3-1：高畦和低畦

高畦：床面高出地面，一般比步道高出 15～20 cm。高床的一般规格为：床长 10～20 m，床面宽 1 m，床高 15 cm 左右，步道宽（两床间的距离）40～50 cm。

低畦：床面低于地面。低床的一般规格：床面低于步道 15 cm，床面宽度为 100～110 cm，步道宽度约 40 cm，苗床长度为 10～20 m，苗床的方向以东西方向为好。

2）容器栽培方式的土壤准备

（1）营养土配制：根据营养土配方，将所需土和肥料准备好，而后按比例将土和肥料进行均匀混合搅拌。将混合均匀且经过充分搅拌的营养土聚成堆放置 4～5d，通过堆放，使营养土进一步腐熟，以提高营养土的肥力。

（2）营养土消毒：经过堆放腐熟的营养土，在装杯前要进行土壤消毒。消毒方法是一边喷洒消毒剂，一边搅拌营养土，以使土壤消毒均匀。消毒时使用 3%硫酸亚铁溶液，每 1 m^3

喷洒 30 L，然后按配制的比例放入复合肥或氮、磷肥。

理论链接 3-2：营养土

营养土的材料：沙子、圃地表土、泥炭土、水藓泥炭、堆肥、蛭石、珍珠岩、草皮土、黄心土、火烧土、森林腐殖质土、树皮粉、稻壳灰、未经耕种山地土、塘泥等。

营养土常用配方：

a. 取林地中的腐殖质活山皮土、泥炭沼泽土等一种或两种，占总量的 60%～70%；

b. 取细沙土、蛭石、珍珠岩中的一种或两种，占总量的 20%～25%；

c. 取腐熟的堆肥 20%～25%，另外，每 1 m^2 的营养土中加 1 000 g 尿素和 0.025 g 磷肥，或者同等含量的复合肥。

2. 定点放线（1 课时）

采用交会法，按照苗木的品种及规格、大小的不同确定株行距，定出栽植点。

理论链接 3-3：交会法

交会法：根据到两个已知固定点的距离确定种植点的位置，适用于范围小、现场标记物与设计相符的情况。

3. 苗木栽植（3 课时）

露地移栽：栽植的方法为穴植，栽植穴的大小依土壤性质和环境条件及植株根系大小而定，栽植时首先将根系舒展开，苗基部应对齐，垂直种下，然后两边用土踏紧，做到地平苗正，及时浇水。

容器栽培：选择大小适合的花盆，首先在盆底排水孔处垫上瓦片或窗沙，以防盆土漏出或排水孔堵塞。然后先向盆内填入少量粗粒培养土，再填入部分细培养土，其后将花苗放在盆中央，使苗直立，并将根系向四周展开置于土上，最后从盆的四周向内加入培养土，将根部埋至根茎部位，使盆土与盆缘之间的沿口保持 2 cm 左右并沿盆边按紧，浇定根水。

4. 养护管理（2 课时）

（1）中耕除草，一般每年进行 3～4 次，宜晴天进行，最好经常除草，同时防止土壤板结。

（2）追肥：结合松土追肥 3～4 次，肥种一般选用速效肥（尿素、磷酸二氢甲等）。施肥方式常为撒施或喷施。

（3）排灌：根据植物的生长状况和季节特点确定灌溉的时期，夏季灌溉要在早、晚进行；冬季灌溉应在中午前后进行。灌水和雨后应及时排水。

理论链接 3-4：灌溉要求

灌溉要求：一、二年生草本花卉及一些球根花卉由于根系较浅，容易干旱，灌溉次数应较宿根花卉为多。每次灌水深入土层的深度，一、二年生草本花卉应达 30～35 cm，一般花灌木应达 45 cm，生理成熟的乔木应达 80～100 cm。

（4）病虫害防治：一般采用化学防治方法进行防治，常用药剂有敌百虫、辛硫磷、乐果、甲基托布津等。

本项目草本植物上盆操作和换盆操作如图 3-3、图 3-4 所示。

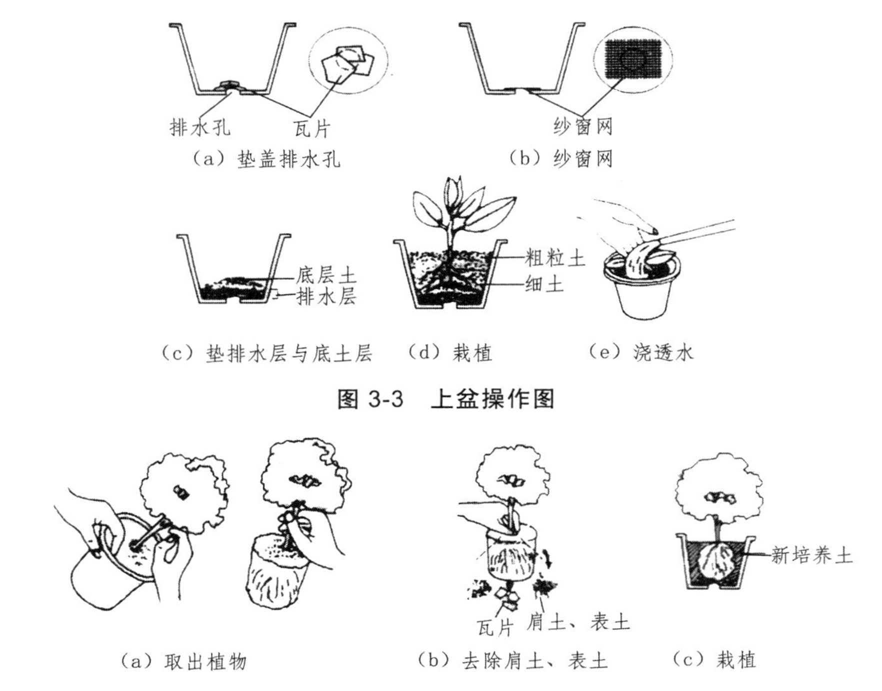

图 3-3　上盆操作图

图 3-4　换盆操作图

四、项目实施和评价

劳动组织形式：本项目实施中，由 5 个学生组成一个工作小组，各小组制订出实施方案及工作计划，组长协助教师指导本组成员学习操作，检查项目实施进程和质量，制定改进措施，共同完成项目任务。

所需材料用品：一、二年生和多年生草本植物数株，肥料，花盆，农药，锄头，铁铲，卷尺等，每组配备一套。

项目评价：按质量、时间、安全、文明、环保要求进行考核，每位学生先按项目考核评价表自评，在此基础上本组同学互评，最后由教师进行综合考评，如表 3-1 所示。

表 3-1　项目考核评价表

序号	考核项目	考核内容及要求	评分标准	配分	学生自评	学生互评	教师考评	备注
1	时间要求	100 分钟	未按时完成无分					
2	质量要求	整地作畦	整地深度不合格 畦的高度、宽度不合格	40 分				
		营养土配制	营养土材料比例配制不合理	10 分				
		容器栽植	上盆技术环节不正确	30 分				
		肥水管理	施肥种类、方式不合理 灌溉不及时	20 分				

续表

序号	考核项目	考核内容及要求	评分标准	配分	学生自评	学生互评	教师考评	备注
3	安全要求	遵守安全操作规程	不遵守扣2～5分					
4	文明要求	遵守文明生产规则	不遵守扣2～5分					
5	环保要求	遵守环保生产规则	不遵守扣2～5分					

五、项目实施过程中可能出现的问题及对策

问题：栽植完毕后遇高温强光的天气，植株出现萎蔫现象。
解决措施：应及时搭遮阳网或把容器移到阴凉处。

六、项目作业

分组进行苗木移栽后的管理（浇水、中耕除草、施肥、病虫害防治等）。

七、项目拓展

容器栽植换盆技术：苗木移栽后逐渐长大，需要换用大规格容器进行栽植。
理论链接3-5：换盆技术
换盆技术：a.脱盆，将原花盆倒置或侧放在地上，转动花盆，轻击盆边，使土坨与盆壁分离，即可取出花木；b.整理，用花铲将土坨削去部分泥土，并剪去老根、病残根；c.上盆、浇水。

任务二　灌木类园林植物的栽植与养护

一、项目要求

某小区绿化，需要栽植一批灌木类园林植物并对其进行养护。
时间要求：教学学时为9个课时。
质量要求：符合国家小区绿化质量验收相关标准。
安全要求：严格按照安全操作规程进行项目作业。
文明要求：自觉按照文明生产规则进行项目作业。
环保要求：努力按照环境保护要求进行项目作业。

二、项目分析

灌木同乔木、草本植物一样都是小区绿化的主要植物种类，也同样具有绿化及美化环境、防尘降温等功能。栽植方式主要为露地移栽和容器栽植。露地移栽又分为裸根栽植和带土球栽植。容器栽植技术方法与草本植物相似。

三、项目实施的路径与步骤

（一）项目路径

本项目的路径见图 3-1。

（二）项目步骤

1. 土壤准备（4 课时）

场地初平：对表层 40 cm 内的土壤进行初步深翻、整平。

土壤消毒、杀菌：土壤均系就地回填土，应用药剂（呋喃丹、福尔马林等）进行消毒。

整地：按设计标高平整地形，整理出排水坡度，捣碎土块，捡净砖石、瓦块、玻璃渣、草根等杂物。挖土深度为 30 ~ 40 cm，并施加适量有机肥（发酵干鸡粪粉末）混合翻耕。

2. 定点放线（1 课时）

以设计提供的标准点为依据，应符合设计图纸要求，位置要准确，标记要明显。

采用交会法，按照苗木的品种及规格、大小的不同确定株行距，定出栽植点。

3. 苗木栽植（4 课时）

容器栽植：与草本植物相似。

露地移栽：包括裸根栽植和带土球栽植。

（1）裸根栽植：落叶植物小苗且在落叶时可以裸根，但也要尽快种植。栽植技术方法同草本植物。

（2）带土球栽植：大苗一般要带土团，常绿植物一般都要带土团。一般土团直径不小于树干直径的 6 倍。栽植的方法多为穴植，方法步骤如下。

① 植穴开挖。

栽植穴的大小依土壤性质和环境条件及植株根系大小而定，要求植穴比植物规格加宽 40 ~ 100 cm，加深 20 ~ 40 cm，绿篱要抽槽整地，穴壁垂直，表层土与底层土分开放置，除去杂物。栽植时首先将根系舒展开，苗基部应对齐，垂直种下，然后两边用土踏紧，做到地平苗正、及时浇水。种植的苗木品种、规格、位置、树种搭配应严格按设计施工。

理论链接 3-6：挖穴注意事项

挖穴注意事项如下：

a. 土壤下层有板结层时，必须加大规格，特别是深度，应打破板结层；

b. 挖出的泥土，应将表土、心土分别堆放，如混有大量杂质则需更换土壤；

c. 栽植穴最好上下口径大小一致。

理论链接 3-7：绿篱的株行距

绿篱的株行距：矮篱株距 15～20 cm，宽 15～40 cm；中篱株距 30～50 cm，宽 50～100 cm；高篱株距 50～70 cm，单行宽 50～80 cm，双行宽 80～100 cm。

② 植前修剪：栽植前应对冠根进行合理修剪，以促发新根，减少水分散失。

理论链接 3-8：苗冠的修剪

苗冠的修剪：剪除病虫枝、受损伤枝（依情况可从基部剪除或伤口处剪除）、竞争枝、重叠枝、交叉枝，以及稠密的细弱枝等，使苗冠内枝条分布均匀；常绿树种为减少水分损失可疏剪部分枝叶。

理论链接 3-9：根系修剪

根系修剪：带土苗木因包装及泥土保护，根系不易受到损伤，可不作修剪；裸根苗在定植前应剪除腐烂的、过长的根系，受伤的特别是劈裂的主根可从伤口下短截，要求切口平滑，以利于愈合。必要时可用激素处理，促发新根。

③ 种植：种植的苗木品种、规格、位置、树种搭配应严格按设计施工。种植苗木的本身应保持与地面垂直，不得倾斜。种植的深浅应合适，一般与原土痕平或略高地面 5 cm 左右。种植的深浅应选好主要观赏的方向，并照顾朝阳面，一般应尽量避免迎风，种植时要栽正扶植，树冠主尖与根在同一垂直线上。

4. 养护管理（4 课时）

（1）中耕除草，一般每年进行 3～4 次，宜晴天进行，最好经常除草，同时防止土壤板结。

（2）追肥：结合松土追肥 3～4 次，肥种宜以农家肥为主，配施少量复合肥。施肥方式常为穴施、喷施或沟施。

（3）排灌：根据植物的生长状况和季节特点确定灌溉的时期，夏季灌溉要在早、晚进行；冬季灌溉应在中午前后进行。移栽后 24 h 内浇第一遍水，此次水量不宜过大、应浇透，之后转入后期养护。灌水和雨后应及时排水。

（4）修剪整形：应使丛生大枝均衡生长，使植株保持内高外低、自然丰满的圆球形。应有计划地分批疏除老枝，培养新枝。经常短截突出灌丛外的徒长枝，使灌丛保持整齐均衡。植株上不作留种用的残花废果，应尽量及早剪去，以免消耗养分。

理论链接 3-10：修剪的程序

一知：修剪的工作人员，必须知道操作规程、技术规范以及一些特殊的要求。

二看：修剪前应绕树仔细观察，对剪法做到心中有数。

三剪：一知二看以后，根据因地制宜，因树修剪的原则，做到合理修剪。

四拿：修剪后挂在树上的断枝，应随时拿下，集中在一起。

五处理：剪下的枝条应及时集中处理，不可拖放过久，以免影响市容和引起病虫扩大蔓延。

理论链接 3-11：修剪的方法

a. 截：将一年生长的枝条一部分剪去，刺激剪口下的侧芽萌发。

b. 疏：疏剪或疏删，就是将枝条从分枝基部剪去。

c. 伤：用各种方法破伤枝条，以达到缓和树势的目的。

d. 变：改变枝条生长方向，控制枝条生长势的方法称为变。

e. 放：对部分生长势中等枝条、放长不剪、保留大量的枝叶，积累营养物质促进开花结实。

理论链接 3-12：绿篱的修剪方法

定植后，按规定高度及形状及时修剪，为促使其枝叶的生长，最好将主尖截去 1/3 以上，剪口在规定高度 5～10 cm 以下，这样可以保证粗大的剪口不暴露，最后用大平剪绿篱修剪机修剪表面枝叶，注意绿篱表面（顶部及两侧）必须剪平，修剪时高度一致，整齐划一，篱面与四壁要求平整，棱角分明，适时修剪，现缺株应及时补栽，以保证供观赏时已抽出新枝叶，生长丰满。

（5）病虫害防治：一般采用化学防治方法进行防治，常用药剂有敌百虫、辛硫磷、乐果、甲基托布津等。

四、项目实施

劳动组织形式：本项目实施中，5 个学生组成一个工作小组，各小组制订出实施方案及工作计划，组长协助教师指导本组成员学习操作，检查项目实施进程和质量，制定改进措施，共同完成项目任务。

所需材料用品：灌木植物数株，肥料，花盆，农药，锄头，铁铲，卷尺等，每组配备一套。

项目评价：按质量、时间、安全、文明、环保要求进行考核，每位学生先按如表 3-2 所示的项目考核表自评，在此基础上本组同学互评，最后由教师进行综合考评。

表 3-2　项目考核表

序号	考核项目	考核内容及要求	评分标准	配分	学生自评	学生互评	教师考评	备注
1	时间要求	100 分钟	未按时完成无分					
2	质量要求	整地	整地深度不合格 排水坡度不合理	20 分				
		植穴开挖	种植穴的大小不符合规格要求	20 分				
		种植	种植深浅不合格	20 分				
		肥水管理	施肥种类、方式不合理 灌溉不及时	10 分				
		修剪整形	未进行植前修剪 修剪整形不合理	30 分				
3	安全要求	遵守安全操作规程	不遵守扣 2～5 分					
4	文明要求	遵守文明生产规则	不遵守扣 2～5 分					
5	环保要求	遵守环保生产规则	不遵守扣 2～5 分					

五、项目实施过程中可能出现的问题及对策

问题：由于特殊原因，苗木不能及时栽植。

解决措施：对苗木进行假植。

理论链接 3-13：假植

假植是指当起苗后不能及时栽植时，将苗木的根系用湿润的土壤进行临时性埋植的方法。

六、项目作业

分组进行绿篱修剪整形管理。

七、项目拓展

灌木的造型修剪：对小区栽种的罗汉松进行云片造型修剪。造型罗汉松植株高度一般控制在 1.5 ~ 3.5 m，造型整形修剪最宜在休眠期进行，一般为 12 月至翌年 4 月进行造型。云片分布在主干的两侧，结顶的一片为半圆形。一般每支主枝扎成一片或多片。在修剪时，除去主干上的嫩芽，后选一个平视的角度，在主观赏面上修理成平面“云片”。之后 2 ~ 3 年逐步剪除“平顶法”表层部分的小枝，以达到紧缩枝片、控制冠幅、保持较好的比例的目的。

图 3-5　云片式造型修剪图例

任务三　常见乔木的栽培与养护

一、项目要求

某小区绿化，需要栽植一批乔木类园林植物并对其进行养护与管理。

时间要求：教学学时为 18 个课时。

质量要求：符合国家小区绿化质量验收相关标准。

安全要求：严格按照安全操作规程进行项目作业。

文明要求：自觉按照文明生产规则进行项目作业。

环保要求：努力按照环境保护要求进行项目作业。

二、项目分析

乔木同灌木、草本植物一样都是小区绿化的重要植物种类，在园林绿化中起画龙点睛的作用，具有绿化及美化环境、防尘降温等功能。栽植方式主要为露地栽植。在露地栽植中，乔木必须是带土球栽植。乔木的栽植包括起苗、搬运、种植三个基本的操作环节。起苗是指将乔木从土地中连根起出，搬运是指将乔木用一定的交通工具动至指定地点，种植是指将被运来的乔木按要求栽种于新地的操作。在栽植的过程中，仅是临时埋栽性质的种植称为假植。

三、项目实施的路径与步骤

（一）项目路径

本项目的项目路径如图 3-1 所示。

（二）项目步骤

1. 土壤准备（6 课时）

场地平整：一般对表层 60~80 cm 内的土壤进行初步深翻、整平。

土壤消毒、杀菌：土壤均系就地回填土，应用药剂（呋喃丹、福尔马林等）进行消毒。

整地：按设计标高平整地形，整理出排水坡度，捣碎土块，捡净砖石、瓦块、玻璃渣、草根等杂物。挖穴深度与宽度的大小以树木土球大小为主，并对树穴施加适量有机肥（发酵过的鸡粪粉末或其他农家肥料）混合翻耕。

2. 定点放线（2 课时）

根据图纸上的种植设计，按比例放样于地面，确定各树木的种植点。种植设计有规则式和自然式之分。规则式种植的定点放线比较简单，通常以地面固定设施为基点来定点放线，要求做到横平竖直，整齐美观。对于范围较小的自然式种植设计，如果场内有与设计图相符的固定地物，可用“交会法”定出种植点。如果在地势平坦的较大范围内定点，可采用网络法。对测量基点准确的较大范围的绿地，可用平板仪定点。

在定点时，对孤植树、列植树，定出单株种植位置，并用白灰标明或钉上木桩，对树丛和自然式片林定点时，依图按比例先测出其范围，并加以标明。同时，在栽植时位置应准确，标记应明显。

3. 苗木栽植（6 课时）

乔木种植以及常绿、落叶植物种植一般都要带土球，其目的是避免伤害根系，保证其存活率。一般土球直径不小于树干直径的 6 倍。栽植的方法多为穴植，方法步骤如下。

栽植穴的大小依土壤性质和环境条件及植株根系大小而定，要求树穴比植物规格加宽 40 ~ 100 cm，加深 20 ~ 40 cm。挖穴时以规定的穴径画圆，沿圆边向下垂直挖掘，把表土与底土分别放置，并不断修直穴壁，达到规定深度。使树穴保持上口沿与底边垂直，大小一致。树穴挖好后，要有专人按规格验收，不合格的应返工。挖树穴、种植苗木如图 3-6 所示。

图 3-6 挖树穴、种植苗木

理论链接 3-14：挖穴注意事项

（1）土壤下层有板结层时，必须加大规格，特别是应加大深度，打破板结层。

（2）对于挖出的泥土，应将其表土、心土分别堆放；如混有大量杂质则须更换土壤。

（3）栽植穴（坑）最好上下口径大小一致。

理论链接 3-15：挖穴时注意地下物

（1）挖穴时，如发现有地下电缆、管道等设施、设备时，应停止操作，及时找业主、设计、监理及有关部门配合商讨解决。

（2）植前修剪：栽植前应对冠、根进行合理修剪，以促发新根，减少水分散失。同时对于干性强的又必须保留中干优势的树种，应采取削枝保干的修剪法。对封锁中干的树种，以保持数个主枝优势为主，适当保留二级枝，重截或疏去小枝。带土球的可轻剪，常绿树可采用疏枝、剪半叶或疏去部分叶片的办法来减小蒸腾作用；对具潜伏芽的树种，也可适当短截；对无潜伏芽的树种，只能用疏枝、疏叶的办法。对行道树的修剪还应注意分枝点，应保持枝下高在 2.5 cm 以上，相邻树的分枝点要相近。较高的树应于种植前进行修剪，低矮树可在栽植后修剪。

理论链接 3-16：树冠的修剪

剪除病虫枝、受损伤枝（依情况可从基部剪除或伤口处剪除）、竞争枝、重叠枝、交叉枝以及稠密的细弱枝等，使树冠内枝条分布均匀；常绿树种为减少水分损失可疏剪部分枝叶。

理论链接 3-17：根系修剪与种植

（1）根系修剪：带土球树木因有包装及泥土保护，根系不易受到损伤，可不作修剪。

（2）种植：种植的树木种类、规格、位置、树种搭配等应严格按设计图或施工图进行施工。所种植树木应保持与地面垂直，不得倾斜。尤其是行道树，相邻同种树的高度要求相差不超过 50 cm，干径相差不超过 1 cm。具体种植时，如是小乔木，则一人扶正树木，一人先填入拍碎的湿润表层土，约达穴的 1/2 时，轻提苗，使根系自然向下舒展，然后踩实（黏土不可重踩）。继续填满穴后，再踩实一次，最后盖上一层土与地面相平，使之与原根茎相平或略高 3~5 cm。如是大乔木，则需要用吊车才能进行种植，同时，需要人进行指挥，如图 3-7 所示。

图 3-7　树木种植过程

在种植时须对树木的树冠进行调整，如常绿树应把最好的一面朝向主要观赏面。种植的深浅应合适，一般与原土痕平或略高地面 5 cm 左右。树木一般应尽量避免迎风种植，种植时要栽正扶植，树冠主尖与根在一条垂直线上。

4. 养护管理（4 课时）

（1）带土球的栽植，要先检查已挖坑穴的深度与土球高度是否一致，对坑穴做适当填挖修整后，再放入树穴。在土球下部四周垫入少量的土，使树直立稳定，然后剪开包装材料，将不易腐烂的材料取出。为防止栽后灌水时土塌树斜，填入表土至一半时，应用木棍将土球四周砸实，再填至满穴并砸实，做好灌水堰，最后把捆拢树冠的草绳等解开取下。

（2）大树栽好后应立支柱，以防灌水后土塌树歪，或大风将树刮倒，影响成活和生长。常用通直的木棍、竹竿作支柱，长度视树干高度、胸径大小而定。

（3）中耕除草，一般每年进行 3 ~ 4 次，宜晴天进行，最好经常除草，同时防止土壤板结。

（4）追肥：结合松土追肥 3 ~ 4 次，肥种宜以农家肥为主，配施少量复合肥。施肥方式常为穴施、喷施或沟施。

（5）移栽后 24 h 内浇第一遍水，水要浇透，使土壤充分吸收水分，根系与土紧密结合，以利于根系发育。同时，应间隔数日灌水一次，并连浇三次水。每次浇水渗入土后，应将歪斜树干扶正，并将塌陷处填实土壤。

（6）排灌：根据植物的生长状况和季节特点确定灌溉的时期，夏季灌溉要在早、晚进行；冬季灌溉应在中午前后进行。

（7）修剪整形：应使丛生大枝均衡生长，使植株保持内高外低、自然丰满的圆球形。应有计划地分批疏除老枝，培养新枝。植株上不作留种用的残花废果，应尽量及早剪去，以免消耗养分。

理论链接 3-18：修剪的程序

一知：修剪的工作人员，必须知道操作规程、技术规范以及一些特殊的要求。

二看：修剪前应绕树仔细观察，对剪法做到心中有数。

三剪：一知二看以后，根据因地制宜、因树修剪的原则，做到合理修剪。

四拿：修剪后挂在树上的断枝应随时拿下，集中在一起。

五处理：剪下的枝条应及时集中处理，不可拖放过久，以免影响市容和引起病虫扩大蔓延。

理论链接 3-19：修剪的方法

（1）截：将一年生长的枝条一部分剪去，刺激剪口下的侧芽萌发。

（2）疏：疏剪或疏删，是指将枝条从分枝基部剪去。

（3）伤：用各种方法破伤枝条，以达到缓和树势的目的。

（4）变：改变枝条生长方向，控制枝条生长势的方法。

（5）放：对部分生长势中等枝条，放长不剪，保留大量的枝叶，积累营养物质促进开花结实。

理论链接 3-20：树木起苗的修剪方法

在树木起苗过程中，不论怎样细心，总会损伤一些根系。尤其在使用起重机的情况，损伤会更大。如不进行修剪、重剪，就会导致树木地上、地下部分营养供应比例失调，并逐渐造成树木的死亡。不同种类的大树，其修剪程序是不同的。如果在起苗过程中不能带上完好的土球，则应将大树的老根、烂根锯掉或剪除，裸根沾上泥浆，再用湿草袋等包裹住。在装车前锯掉或剪除大树枯黄老叶。一般起苗时所留的土球直径是大树树冠直径的 6 倍，并根据土球的完好程度适当锯除部分茎干，甚至可以截干。

5. 病虫害防治

一般采用化学防治方法进行防治，常用药剂有：敌百虫、辛硫磷、乐果、甲基托布津等。

四、项目实施

劳动组织形式：本项目实施中，8 个学生组成一个工作小组，各小组制订出实施方案及工作计划，组长协助教师指导本组成员学习操作，检查项目实施进程和质量，制定改进措施，共同完成项目任务。

所需材料用品：（由于条件限制，只能使用小乔木）小乔木数株、肥料、农药、锄头、铁铲、草绳、木棍、卷尺等，每组配备一套。

项目评价：按质量、时间、安全、文明、环保要求进行考核，每位学生先按如表 3-3 所示的项目考核表自评，在此基础上本组同学互评，最后由教师进行综合考评。

项目考核表

序号	考核项目	考核内容及要求	评分标准	配分	学生自评	学生互评	教师考评	备注
1	时间要求	100 分钟	未按时完成无分					
2	质量要求	整地	整地深度不合格 排水坡度不合理	20 分				

续表

序号	考核项目	考核内容及要求	评分标准	配分	学生自评	学生互评	教师考评	备注
2	质量要求	植穴开挖	种植穴的大小不符合规格要求	20分				
		种植	种植深浅不合格	20分				
		肥水管理	施肥种类、方式不合理 灌溉不及时	10分				
3	质量要求	修剪整形	未进行植前修剪 修剪整形不合理	30分				
4	安全要求	遵守安全操作规程	不遵守扣2～5分					
5	文明要求	遵守文明生产规则	不遵守扣2～5分					
6	环保要求	遵守环保生产规则	不遵守扣2～5分					

五、项目实施过程中可能出现的问题及对策

问题：由于特殊原因，苗木不能及时栽植。

解决措施：把苗木进行假植。

理论链接3-21：假植

当起苗后不能及时栽植时，将苗木的根系用湿润的土壤进行临时性埋植的方法。

六、项目作业

分组进行乔木的修剪整形管理。

七、项目拓展

乔木的造型修剪：对小区栽种的四季桂花进行整形修剪。桂花植株高度一般控制在1.5～3.5 m之间，整形修剪可在各个季节进行。应控制冠幅，保持较好的树形。

所需材料如下。

（1）四季桂花，5株，高度为1.6 m。

（2）修枝剪20把。

项目四　城市道路绿地景观设计

城市道路是一个城市的骨架，它密布整个城市，形成了一个完整的道路网。作为城市道路的配套工程——城市道路景观设计也因此显得格外重要。城市道路绿地景观设计的好坏在很大程度上决定着一个城市的景观水平。要做好道路绿地景观的设计，必须抓住其特点来实施。道路绿地景观相对于城市中的公园、广场、公共休闲地等景观而言，在空间特征上是带状空间，相对于静态的点、面空间，其最大特征是空间景观视觉成像呈现加速变化。现代城市的交通道路绿地景观由于机动车的高速发展，相对于步行休闲带状空间而言，更加需要在速度的前提下加大景观尺度，使人们在快速视觉中获得美感。当道路延伸的同时，道路绿地景观作为基础性城市景观游览线路或视觉走廊所起的作用，不仅仅是简单的常规交通组织功能的实现，其景观意义也是城市综合素质评估的重要指标，所以做好道路绿地景观设计有着非常重要的意义和现实的价值。

一、项目任务和要求

1. 项目名称

本项目的名称为城市道路绿地景观设计。

2. 项目要求

时间要求：24 个课时。

质量要求：执行中华人民共和国行业标准《城市道路绿化规划与设计规范》(CJJ 75—1997) (以下简称《规范》)。

安全要求：执行《规范》。

文明要求：执行《规范》。

环保要求：执行《规范》。

二、项目理论

1. 道路及广场用地范围内的可进行绿化的用地

道路绿地分为道路绿带、交通岛绿地、广场绿地和停车场绿地。

(1) 道路绿带是指道路红线范围内的带状绿地。道路绿带分为分车绿带、行道树绿带和路侧绿带。

① 分车绿带是车行道之间可以绿化的分隔带，其位于上下行机动车道之间的为中间分车

绿带；位于机动车道与非机动车道之间或同方向机动车道之间的为两侧分车绿带。

② 行道树绿带是指布设在人行道与车行道之间，以种植行对为主的绿带。

③ 路侧绿带是指在道路侧方，布设在人行道边缘至道路红线之间的绿带。

（2）交通岛绿地是指可绿化的交通岛用地。交通岛绿地分为中心岛绿地、导向岛绿地和立体交叉绿岛。

① 中心岛绿地是指位于交叉路口上可绿化的中心岛用地。

② 导向岛绿地是指位于交叉路口上可绿化的导向岛用地。

③ 立体交叉绿岛是指互通式立体交叉干道与匝道围合的绿化用地。

（3）广场、停车场绿地是指广场、停车场用地范围内的绿化用地。

2. 道路绿地率道路红线范围内各种绿带宽度之和占总宽度的百分比

（1）园林景观道路绿地率不得小于 40%。

（2）红线宽度大于 50 m 的道路绿地率不得小于 30%。

（3）红线宽度为 40 ~ 50 m 的道路绿地率不得小于 25%。

（4）红线宽度小于 40 m 的道路绿地不得小于 20%。

三、项目分析

道路板式主要有一板二带式（含行道树带）、二板三带式（含中间分隔带、行道树带）、三板四带式（含快慢车分隔带、行道树带）、四板五带式（含中间分隔带，快、慢车分隔带，行道树带），如图 4-1 ~ 图 4-4 所示。

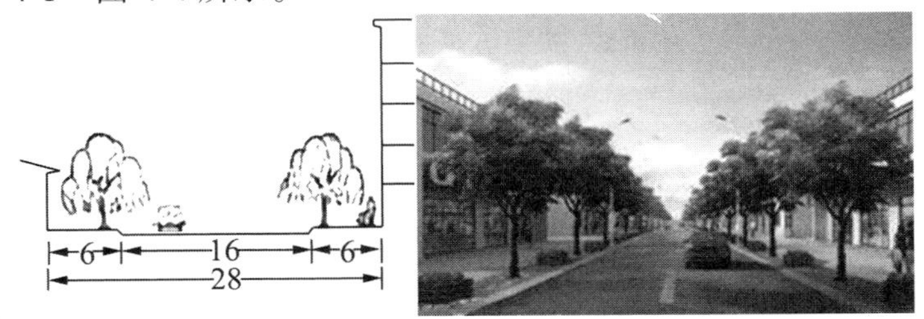

图 4-1　一板二带式（单位：m）

图 4-2　二板三带式（单位：m）

以目前主要城市干道形式二板三带式为例，设计的对象主要是分车绿带、行道树（树池、树带）、道旁绿带。

设计原则和要求：首先满足功能（人行、车行）需求，然后实现审美需要。城市道路绿化应以乔木为主，乔木、灌木、地被植物相结合，不得裸露土壤。

图 4-3　三板四带式

图 4-4　四板五带式（单位：m）

1. 道路绿带设计内容

（1）分车绿带设计：分车绿带的植物配置应形式简洁、树形整齐、排列一致。乔木树干中心至机动车道路缘石外侧距离不宜小于 0.75 m。

中间分车绿带应阻挡相向行驶车辆的眩光，在距相邻机动车道路面高度 0.6 ~ 1.5 m 之间的范围内，配置植物的树冠应常年枝叶茂密，其株距不得大于冠幅的 5 倍。

两侧分车绿带宽度大于或等于 1.5 m 时，应以种植乔木为主，并宜乔木、灌木、地被植物结合种植。其两侧乔木树冠不宜在机动车道上方搭接。分车绿带宽度小于 1.5 m 的，应以种植灌木为主，并应灌木、地被植物结合种植。

被人行横道或道路出入口断开的分车绿带，其端部应采取通透式配植。

（2）行道树绿带设计：行道树绿带种植应以行道树为主，并宜乔木、灌木、地被植物结合种植，形成连续的绿带。在行人多的路段，行道树绿带不能连续种植时，行道树之间宜采用透气性路面铺装。树池不宜覆盖池箅子。

行道树定植株距，应以其树种壮年期冠幅为准，最小种植株距应为 4 m。行道树树干中心至路缘石外侧最小距离宜为 0.75 m。

种植行道树其苗木的胸径：速生树不得小于 5 cm，慢长树不宜小于 8 cm。

（3）路侧绿带设计：路侧绿带宜与相邻的道路红线外侧其他绿地相结合。

（4）节点设计（两个空间的连接处）如图 4-5 所示。

图 4-5　道路绿带节点设计

2. 交通岛绿地设计内容

（1）中心岛绿地设计。

中心岛绿地要保持各路口之间的行车视线通透，不宜栽植过密乔木，应布置成装饰绿地，方便驾驶员快速识别路口，如图 4-6 所示。

图 4-6　中心岛绿地设计

（2）导向岛绿地设计。

导向岛绿地用来指引行车方向，约束车道，使车辆减速转弯，保证行车安全，绿化设计建议以花坛、草坪为主，如图 4-7 所示。

图 4-7　导向岛绿地设计

（3）立体交叉绿岛设计。

立体交叉绿岛用地面积较大，建议配植开阔的草坪，点缀观赏价值高的花灌木、常绿乔木。

绿化布置要服从立体交叉的交通功能，使司机有足够的安全视距。在匝道和主次干道汇集的地方会发生车辆顺行交叉，因此不宜配置遮挡视线的植物，绿篱和灌木高度不能超过司机视高，如图 4-8 所示。

图 4-8　立体交叉绿岛设计

树木与地下管线外缘最小水平距离如表 4-1 所示。

表 4-1　树木与地下管线外缘最小水平距离

管线名称	距乔木中心距离/m	距灌木中心距离/m
电力电缆	1.0	1.0
电信电缆（直埋）	1.0	1.0
电信电缆（管道）	1.5	1.0
给水管道	1.5	—
雨水管道	1.5	—
污水管道	1.5	—
燃气管道	1.2	1.2
热力管道	1.5	1.5
排水盲沟	1.0	—

四、项目路径和步骤

本项目的路径和步骤如图 4-9 所示。

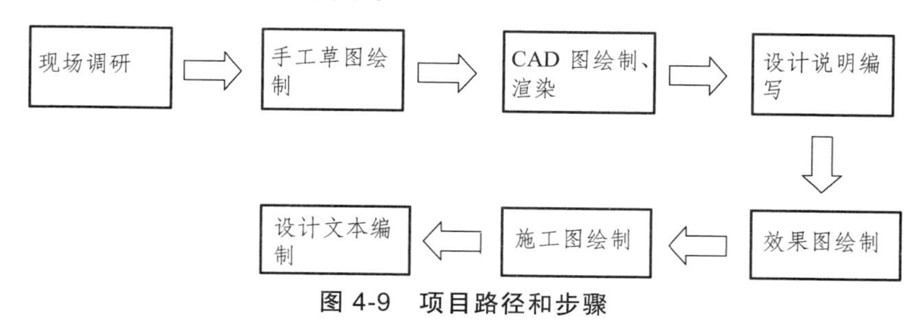

图 4-9　项目路径和步骤

（1）现场调研。调研现场的场地、土质、水源、道路方向等情况，原有大树、古树、名木要进行保护。

（2）手工草图绘制。合理选择植物种类，适地适树。

① 道路绿地应选择适应道路环境条件、生长稳定、观赏价值高和环境效益好的植物种类。

② 行道树应选择深根性、分枝点高、冠大荫浓、生长健壮、适应城市道路环境条件，并且落果不会对行人造成危害的树种。

③ 花灌木应选择花繁叶茂、花期长、生长健壮和便于管理的树种。

④ 绿篱植物和观叶灌木应选择萌芽力强、枝繁叶密、耐修剪的树种。

（3）CAD图（方案图）绘制、渲染。严格执行制图规范，使用A3纸，图例翔实，标注文字，图线清晰，字迹工整，图面清洁。

（4）设计说明的编写（设计理念、简单预算）。

（5）效果图绘制。

（6）施工图（平面图、剖面图、大样图）绘制。

（7）设计文本编制。做封面，和图纸、概预算表装订在一起。

五、项目预案

项目中常见的问题及解决对策如下所示。

1）植物配置不合规范

植物配置包括乔灌草搭配、常绿落叶搭配、色彩搭配、不同叶形态搭配、四季有花搭配、节点用植物搭配、景观石搭配。

2）图形语言表达不准确

植物的平面图表达图示如图4-10所示。

图4-10　植物的平面图表达图示

3）尺寸标注不规范

（1）设计图纸应符合国家现行《道路工程制图标准》（GB 50162—1992）的规定，各种设计图纸的幅面尺寸一般采用 297 mm×420 mm。必要时可增大幅面，其尺寸应符合国家现行《道路工程制图标准》（GB 50162—1992）的规定。

（2）平面图、断面图等起讫方向均应从左到右，标注字头向上，但地形图的标注仍按测绘标注不变。

（3）设计文件中的计量单位应采用《中华人民共和国法定计量单位》，公路工程名词采用《公路工程技术标准》（JTG B01—2014）、《公路工程名词术语》（JTJ 002—1987）、《道路工程术语标准》（GBJ 124—1988）及有关技术规范、规程所规定的名词，无规定的可采用习惯使用的名词，但同一个项目使用应统一。

（4）表格要求。

除专业程序生成的表格不能修改外，其余表格均按以下要求绘制。

① Word 表格。

a. 字体全部为宋体。

b. 表格名称：字高二号，加粗，不带下划线。

c. 项目名称、页码、编号、复核、审核：字高五号，不加粗。

d. 表头：字高五号，加粗。

e. 内容：字高五号，不加粗。

f. 内容栏：行高 0.7 cm，每页 30 行（不包括表头）。

g. 页面设置：上 2 cm、下 2 cm、左 3 cm、右 2 cm。

h. 列宽根据内容自动调整，但应美观、均匀。

i. 表格外框加粗，线宽 1.5 磅。

② Excel 表格。

a. 字体：宋体。

b. 表格名称：字高 20 号，加粗，不带下划线。

c. 项目名称、页码、编号、复核、审核：字高 12 号，不加粗。

d. 表头：字高 10 号，加粗。

e. 内容：字高 10 号，不加粗。

f. 内容栏：行高 1.8 cm，每页 30 行（不包括表头）。

g. 页面设置：上 2 cm、下 2 cm、左 3 cm、右 2 cm。

h. 列宽根据内容自动调整，但应美观、均匀。

i. 表格外框加粗，线宽 1 磅。

六、项目实施和评价

分组实施：学生 4～5 人一组。

表 4-2　评价表

<table>
<tr><td>项目名称</td><td colspan="5">二板三带式道路绿地设计</td></tr>
<tr><td colspan="6">一、综合职业能力成绩</td></tr>
<tr><td>评分项目</td><td>评分内容</td><td>配分</td><td>自评</td><td>小组评</td><td>教师确认</td></tr>
<tr><td>任务完成</td><td>完成项目任务</td><td>60 分</td><td></td><td></td><td></td></tr>
<tr><td>制图工艺</td><td>方法步骤正确</td><td>20 分</td><td></td><td></td><td></td></tr>
<tr><td>过程安全</td><td>符合操作规程</td><td>10 分</td><td></td><td></td><td></td></tr>
<tr><td>过程文明</td><td>遵守纪律、积极合作、工位整洁</td><td>10 分</td><td></td><td></td><td></td></tr>
<tr><td colspan="2">总分</td><td>100 分</td><td></td><td></td><td></td></tr>
<tr><td colspan="6">二、训练过程记录</td></tr>
<tr><td>工具选择</td><td colspan="5"></td></tr>
<tr><td>制图工艺情况</td><td colspan="5"></td></tr>
<tr><td>技术规范情况</td><td colspan="5"></td></tr>
<tr><td>过程安全文明</td><td colspan="5"></td></tr>
<tr><td>完成任务时间</td><td colspan="5"></td></tr>
<tr><td>自我检查情况</td><td colspan="5"></td></tr>
<tr><td rowspan="4">三、评语</td><td rowspan="2">自我整体评价</td><td colspan="3" rowspan="2"></td><td>学生签字</td></tr>
<tr><td></td></tr>
<tr><td rowspan="2">教师整体评价</td><td colspan="3" rowspan="2"></td><td>教师签字</td></tr>
<tr><td></td></tr>
</table>

七、项目作业

二板三带式道路绿地设计。

八、项目拓展

城市二板三带式道路十字路口绿地设计。

思考：高速路绿化景观。

提示：从功能上来说只考虑车行，所处地域范围线路长，山区主要是考虑边坡绿化。

项目五　小区绿化种植工程概预算

园林工程概预算即园林工程预先作出的大概的估算价格，是指利用园林工程概预算相关方法，合理计算出来的价格，园林工程概预算是确定园林建设工程造价的依据。它是我们在整个园林工程过程中招投标（包括施工单位与甲方签合同）必须要签订一个价格的依据，是能否中标的关键。只有中标后接到工程，我们学习的各种技能才有用武之地。小区绿化种植工程又是园林工程之一，较有代表性，所以选择本项目，并分为两个任务来引导大家一起学习概预算的编制，为有效控制园林工程造价投资、实现预期的社会效益和经济效益奠定基础。

任务一　定额计价与工程量清单计价

一、项目要求

学习编制工程概预算的定额计价与工程量清单计价两种方法。

时间要求：教学学时为 6 个课时。

质量要求：符合预算编制程序，分类划项合理，费用界定准确，计算顺序正确，金额准确度高（金额数字及大小写）。

安全要求：遵纪守法。

文明要求：合作过程互相商讨文明用语。

环保要求：废弃纸张不乱丢，商量问题时声音分贝不宜过高。

二、项目分析

定额计价与工程量清单计价两种方法的关键在于费用计算的顺序不同。

三、项目实施的路径与步骤

（一）项目路径

仅以同一种植工程为例，分别用两种不同的方法编制其预算，从而理解其各自费用计算顺序及编制方法。

（二）项目步骤

1. 全面识图

（1）各植物图标。

（2）比例尺（实际尺寸要按图示尺寸×比例尺换算）。

2. 分类划项

园林建设项目划分及实例见图 5-1、图 5-2。

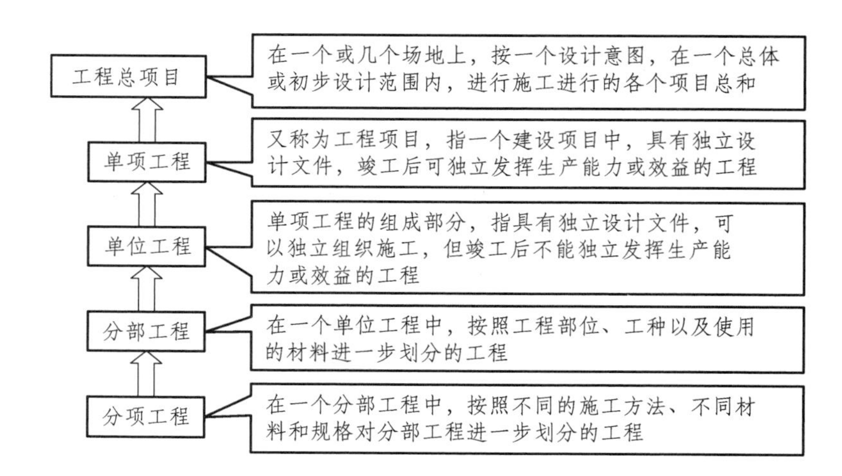

图 5-1　园林建设项目划分

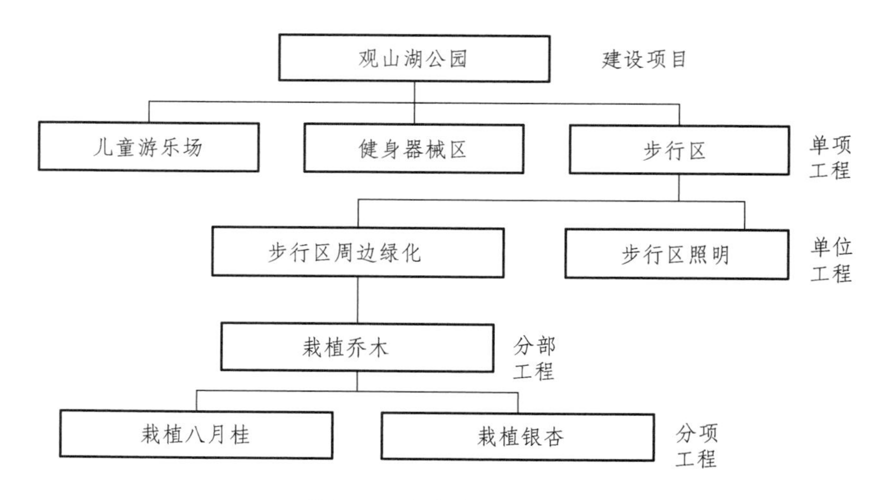

图 5-2　观山湖公园实例

3. 算量核量

理论链接 5-1：贵州省栽植乔灌木计算规则

（1）栽植乔木：分裸根和带土球、截干苗、半冠苗、全冠苗，按胸径以株计算工程量，如图 5-3 所示。

（2）栽植灌木：分裸根和带土球，按冠径以株计算工程量。

图 5-3　栽植乔木计算规则

4. 组价

园林工程费用分类见图 5-4，费用分类细化见图 5-5。

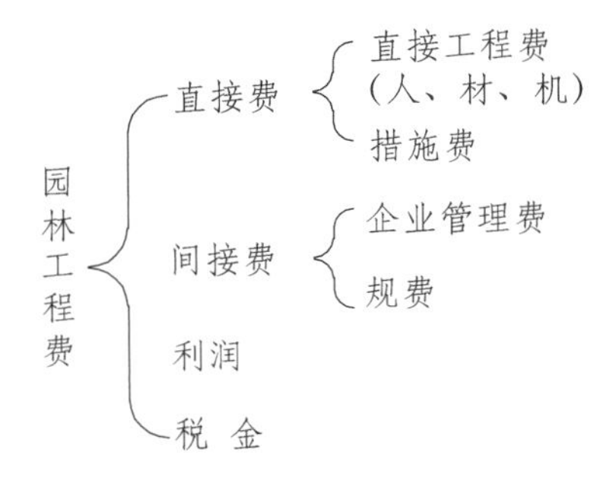

图 5-4　园林工程费用分类

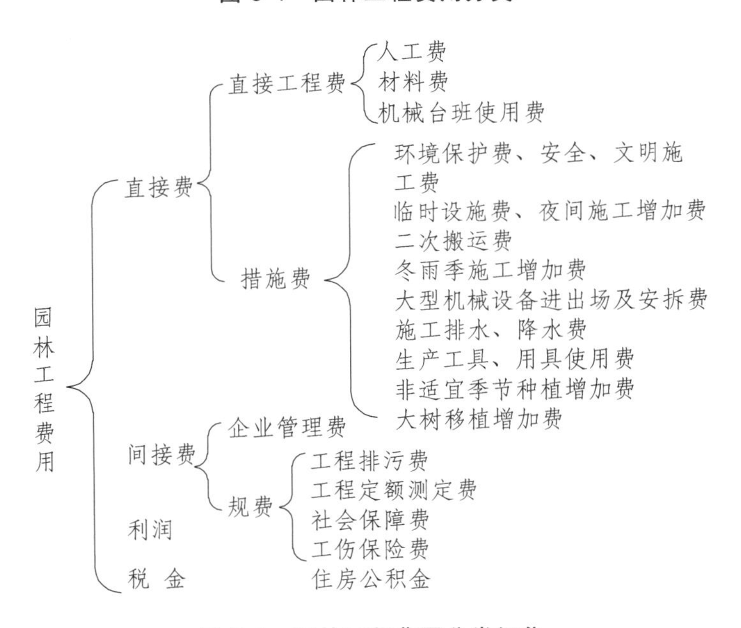

图 5-5　园林工程费用分类细化

鸿鹄园林公司承接某一新建园林景观工程：砌筑风景墙，栽植乔灌木。试分析其直接费、间接费，如图 5-6 所示。

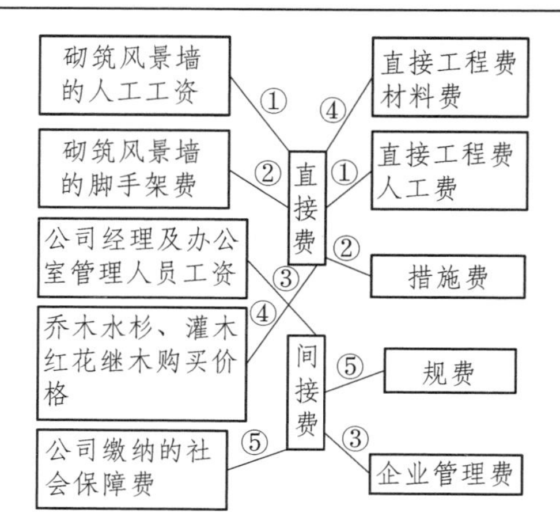

图 5-6　园林工程费用分类实例

表 5-1 ~ 表 5-6 为贵州省园林绿化工程费用计算顺序表。

表 5-1　贵州省园林绿化工程费用计算顺序表（一）（适用于采用定额计价模式的工程）

序号	计费项目名称	计　算　方　法
一	直接费	A+B
A	直接工程费	(A1+A2)/(A3+∑未计价主材定额用量×材料预算价)
A1	人工费	∑各分部分项按定额规定计算汇总
A2	材料费（不含主材）	∑各分部分项按定额规定计算汇总
A3	机械使用费	∑各分部分项按定额规定计算汇总
B	措施项目费	B1+B2+B3+B4+B5+B6+B10+B11+B12+B13+B14
B1	环境保护费	施工实际发生时，按建设当地环保部门规定计算
B2	文明施工费	按招标文件规定或批准的施工组织设计计算
B3	安全施工费	按招标文件规定或批准的施工组织设计计算
B4	临时设施费	单位工程人机费合计×3%
B5	夜间施工费	按批准的施工组织设计计算
B6	二次搬运费及技术措施项目费	定额直接工程费+管理费+利润
B7	大型机械进出场及安拆	按《贵州省建筑工程计价定额》（2004 版）相关子目及规定计算
B8	混凝土、钢筋混凝土模板及支架	
B9	脚手架	
B10	施工排水、降水费	按现场签证计算
B11	生产工具、用具使用费	单位工程人机费合计×1%
B12	冬雨季施工增加、工程定位复测、点交、场地清理、施工雨水排除、道路维修	按施工合同规定计算
B13	非适宜季节种植增加费	按施工合同规定计算
B14	大树移植增加费	按施工合同规定计算

续表

序号	计费项目名称	计　算　方　法
二	间接费	C+D
C	企业管理费	分部分项人机费合计×35%
D	规费	D1+D2+D3+D4+D5
D1	工程排污费	按建设当地规定的缴纳标准计算
D2	工程定额测定费	单位工程人机费合计×0.86%
D3	社会保障费（养老保险、失业保险、医疗保险费）	单位工程人机费合计×21%
D4	工伤保险费	按建设当地有关部门规定计算
D5	住房公积金	单位工程人机费合计×3.1%
三	利　润	分部分项人机费合计×18%
四	政策性调整	按建设行政主管部门发布的文件规定计算
五	其他项目费（预留金、甲方自备材料费、总承包费、零星工作项目费等）	按招标文件、合同约定及现场签证计算
六	税金	（一十二十三十四十五）×相应税率
A	纳税地为城市	（一十二十三十四十五）×3.41%
B	纳税地为县、镇	（一十二十三十四十五）×3.35%
C	纳税地为镇以下	（一十二十三十四十五）×3.22%
七	含税总造价	一+二+三+四+五+六

表 5-2　贵州省园林绿化工程费用计算顺序表（二）（适用于采用工程量清单计价模式的工程）

分部分项工程、零星工作项目综合单价计算顺序表

序号	名　称	计算方法
1	分部分项直接工程费	定额直接工程费+未计价材料定额用量×材料预算价
2	管理费	分部分项人机费×35%
3	利润	分部分项人机费×18%
4	综合单价小计	分部分项直接工程费+管理费+利润

表 5-3　措施项目费计算顺序表

序号	名　称	计算方法
1	环境保护费	施工实际发生时，按建设当地环保部门规定计算
2	文明施工费	按招标文件规定或批准的施工组织设计计算
3	安全施工费	按招标文件规定或批准的施工组织设计计算
4	临时设施费	单位工程人机费合计×3%
5	夜间施工费	按批准的施工组织设计计算
6	二次搬运费及技术措施项目费	定额直接工程费+管理费+利润

续表

序号	名　称	计算方法
7	大型机械进出场及安拆	按《贵州省建筑工程计价定额》(2004版)相关子目及规定计算并收取费用
8	混凝土、钢筋混凝土模板及支架	
9	脚手架	
10	施工排水费、降水费	按现场签证计算
11	生产工具费、用具费	单位工程人机费合计×1%
12	冬雨季施工增加、工程定位复测、点交、场地清理、施工雨水排除、道路维修	按施工合同规定计算
13	非适宜季节种植增加费	按招标文件或施工合同规定计算
14	大树移植增加费	按招标文件或施工合同规定计算

表 5-4　规费计算顺序表

序号	名　称	计算方法
1	工程排污费	按建设当地规定的缴纳标准计算
2	养老保险费	单位工程人机费合计×15%
3	失业保险费	单位工程人机费合计×1.5%
4	医疗保险费	单位工程人机费合计×4.5%
5	工伤保险费	按建设当地有关部门规定计算
6	住房公积金	单位工程人机费合计×3.1%
7	工程定额测定费	单位工程人机费合计×0.86%

表 5-5　其他项目费计算顺序表

序号	名　称	计算方法
1	预留金、甲方自备材料购置费、总承包费、零星工作项目费等	按招标文件、合同约定及现场签证计算

表 5-6　税金

序号	纳税所在地	计税基数	税　率
1	市区	(一)+(二)+(三)+(四)	3.41%
2	县城、镇	(一)+(二)+(三)+(四)	3.35%
3	镇以下(不含镇)	(一)+(二)+(三)+(四)	3.22%

5. 计价

理论链接 5-2：2004 版《贵州省园林绿化及仿古建筑工程计价定额（上册）——园林绿化工程》总说明部分节选

（1）本定额适用于本省行政区域范围内园林绿化及仿古建筑中的新建、扩建工程，不适用于维修、改建和临时性工程。

（2）本定额中，材料包括主要材料、辅助材料和其他材料的量，但不含主要材料价格，使用时应按市场价及合同约定或甲乙双方签证计算。

（3）本定额中，凡注明“××以内”或“××以下”者，均包括“××”本身；凡注明“××以外”或“××以上”者，均不包括“××”本身。

2004版《贵州省园林绿化及仿古建筑工程计价定额（上册）——园林绿化工程》计价定额表见表5-7。

表5-7　栽植乔木计价定额表

工作内容：挖穴、修剪（摘叶）、栽植、扶正回土、筑水围浇水、覆土保墒、整形清理（单位100株）。

定额编号					E1-126	E1-127	E1-128
项　目					栽植乔木（全冠苗带土球胸径cm)		
					10 cm 内	12 cm 内	15 cm 内（不含15 cm）
直接工程费/元					2 612.88	3 771.31	6 242.15
其中	人工费/元				1 434.33	2 198.70	4 194.65
	材料费/元				22.19	31.06	43.48
	机械费/元				1 156.36	1 541.55	2 004.02
	编码	名　称	单位	单价/元	消耗量/元		
人工费	1 000	综合工日	工日	22.00	65.197 0	99.941 0	190.666 0
材料费	195 000	苗木胸径为10 cm	株	–	(105.00)	–	–
	196 000	苗木胸径为12 cm	株	–	–	(105.00)	–
	198 000	苗木胸径为15 cm	株	–	–	–	(105.00)
	5 400	水	m^3	2.00	11.093 0	15.530 0	21.742 0
机械费	111 000	汽车式起重机 提升质量：5 t	台班	388.3	2.978 0	3.970 0	5.161 0

理论链接5-3：造价数字的正确书写

工程造价大写金额的规范写法：壹 贰 叁 肆 伍 陆 柒 捌 玖 拾。

相关文字：佰 仟 万 亿 元（圆）角 分 零 整。

元（圆）字后面必须写整：拾捌万肆仟元×壹拾捌万肆仟元整√。

角字后整字可写可不写：伍拾陆万柒仟捌佰玖拾圆壹角整√，伍拾陆万柒仟捌佰玖拾圆壹角√。

分字后面不能写整字：伍拾陆万柒仟捌佰玖拾圆壹角贰分√，伍拾陆万柒仟捌佰玖拾圆壹角贰分整×。

贵阳市某园区栽植乔木银杏，全冠苗、带土球胸径 12 cm、10 株，每株银杏 5 000 元（本题只考虑买、栽，养护、保养等后续问题暂不考虑，另外，计算一般应保留两位小数，考虑到直观理解，书中有三、四位小数）。

1）定额计价法

（1）直接费可查《贵州省园林绿化及仿古建筑工程计价定额》求得。定额计价法计算直接费如表 5-8 所示。

表 5-8　定额计价法计算直接费

人工费	100 株	2 198.70 元	其中，1 株为 21.987 元
材料费	100 株	31.06 元	其中，1 株为 0.310 6 元
机械费	100 株	1 541.55 元	其中，1 株为 15.415 5 元

每 100 株消耗 105 株，则 10 株消耗 10.5 株，需购置 11 株，按表 5-1 计算。

A. 直接工程费

= 21.987 × 10+0.310 6 × 10+15.415 5 × 10+5 000 × 11

= 377.131+5 000 × 11

= 55 377.131（元）

B. 措施项目费说明：有 B1 ~ B14 的才需要计算，本题假设仅有 B1、B2、B3，则均按 5 000 元计算，则措施项目费 = 5 000+5 000+5 000 = 15 000（元）。

直接费 = 55 377.13+15 000 = 70 377.13（元）。

（2）间接费 = 企业管理费+规费。

企业管理费按计算顺序表（一）计算，企业管理费 = 分部分项人机费合计 × 35%，本题人机费合计 = 21.987 × 10+15.415 5 × 10 = 374.025（元），则企业管理费 = 374.025 × 35 = 130.91（元）。

规费 D1 ~ D5 按有关部门规定假设均按 5 000 元计算，其余按人机费 × 相应比例计算，则规费 = 5 000+374.025 ×（0.86%+21%）+5 000+374.025 × 3.1% = 10 093.36（元）。

间接费 = 130.91+10 093.36 = 10 224.27（元）。

（3）利润（以人机费合计为基数）。

人机费合计 = 21.987 × 10+15.415 5 × 10 = 374.025（元）。

利润 = 374.025 × 18% = 67.32（元）。

（4）政策性调整费假设为 0。

（5）其他项目费假设为 0。

（6）税金 = [（1）+（2）+（3）+（4）+（5）] × 3.41%

= （70 377.13+10 224.27+67.32+0+0）× 3.41% = 2 750.80（元）。

总造价 = 70 377.13+10 224.27+67.32+0+0+2 750.80

= 83 419.52（元）。

2）工程量清单计价法

每 100 株人工费为 2 198.70 元，其中，材料费为 31.06 元，机械费为 1 541.55 元。

每 100 株消耗 105 株，则 10 株消耗 10.5 株,需购置 11 株，按表 5-2 计算，计算表格如表 5-9 所示。

表 5-9　综合单价分析表（反映 1 株的直接工程费）

项目名称	综合单价组成					综合单价/元
	人工费	材料费	机械费	管理费	利润	
栽植乔木、银杏，全冠苗、带土球胸径 12 cm	2 198.70	31.06	1 541.55	1 309.09	673.25	5 753.65
	0	5 500	0	0	0	5 500
合　计						5 557.54

（1）直接工程费（见表 5-10）。

直接工程费 = 5 557.54 × 10 = 55 575.4（元）。

表 5-10　直接工程费清单计价表

序号	项目编号	项目名称	计量单位	工程数量	综合单价/元	合价/元
1	E1-127	栽植乔木银杏	株	10	5 557.54	55 575.4
合计						55 575.4

（2）措施项目费（见表 5-11）。

措施项目费说明：有 B1 ~ B14 的才需要计算，本题假设仅有 B1、B2、B3，均按 5 000 元计算。

措施项目费 = 5 000+5 000+5 000 = 15 000（元）。

表 5-11　措施项目清单计价表

序号	项目名称	金额/元
1	环境保护费	5 000
2	文明施工费	5 000
3	安全施工费	5 000
合计		15 000

（3）规费（见表 5-12）。

表 5-12　规费清单计价表

序号	项目名称	金额/元
1	工程排污费	5 000
2	养老保险费	56.10
3	失业保险费	5.61
4	医疗保险费	16.83
5	工伤保险费	5 000
6	住户公积金	11.59
7	工程定额测定费	3.22
合计		10 093.35

（4）政策性调整费假设为 0。

（5）其他项目费假设为 0。

（6）税金。

税金 =（直接工程费+措施项目费+规费）× 3.41%

=（55 575.4+15 000 +10 093.35）× 3.41%

= 80 668.75 × 3.41% = 2 750.80（元）

则总造价 = 80 668.75+2 750.80 = 83 419.55（元），即捌万叁仟肆佰壹拾玖圆伍角伍分。

四、项目实施和评价

劳动组织形式：本项目实施过程中，6 个学生组成一个小组，以贵阳市某园区栽植乔木、银杏，全冠苗、带土球胸径 12 cm、10 株这一简单工程为例，各小组用 2 种方法编制预算，组长协助教师指导本组成员进行编制操作，检查项目实施进程和质量，制定改进措施，共同完成项目任务。

所需材料用品：计算器、电脑、2004 版《贵州省园林绿化及仿古建筑工程计价定额（上册）：园林绿化工程》。

项目评价：按质量、时间、安全、文明、环保要求进行考核，每位学生项目考核评价表自评，在此基础上本组同学互评，最后由老师进行综合考评，如表 5-13 所示。

表 5-13 项目考核评价表

序号	考核项目	考核内容及要求	评分标准	配分/分	学生自评/分	学生互评/分	教师考评/分	备注
1	时间要求	180 分钟	未按时完成无分					
2	质量要求	分类划项合理	划项合理，清楚界定单项、单位、分部、分项工程	10	3	3	4	
		费用界定准确	能准确区分各项费用	25	7	8	10	
2	质量要求	计算顺序正确	能按费用计算顺序表计算，各费用计算基数正确	40	12	12	16	
		预算金额精确	数字金额正确，大小写规范	25	7	8	10	
4	安全要求	遵守安全操作规程	不遵守扣 2～5 分					
5	文明要求	遵守文明生产规则	不遵守扣 2～5 分					
6	环保要求	遵守环保生产规则	不遵守扣 2～5 分					

五、项目实施过程中可能出现的问题及对策

问题：人机费合计的计算。

解决措施：本实例仅栽植一种乔木，故单位工程、单项工程、分部工程、分项工程都是同一个，即栽植全冠苗、带土球胸径 12 cm、10 株。

六、项目作业

自行设计栽植两种不同的乔木，编制其预算。

七、项目拓展

在项目作业的基础上，如考虑到后期保养，再编制其预算。注意各自的换算。

理论链接 5-4：2004 版《贵州省园林绿化及仿古建筑工程计价定额（上册）——园林绿化工程》中绿化养护工程说明及工程量计算规则

养护标准：本章定额成活保养不分养护标准等级，保存保养养护费适用于养护所在地发生在一级养护标准段内，如养护所在地发生在二级养护标准段内，则应在根据本定额相应子目计算所有费用后乘以系数 0.95；如养护所在地发生在三级养护标准段内，则应在根据本定额相应子目计算所有费用后乘以系数 0.90。养护等级标准如表 5-14 所示。

表 5-14　园林绿化工程养护等级标准

公园、游览区类	市政交通干道类	社区单位类
一级	二级	三级

绿化工程在竣工验收后，即进入成活保养期。成活保养期乔木、灌木、攀缘植物、竹类和棕榈植物为 6 个月，花卉、地被植物及草坪为 3 个月。执行成活保养定额的第 1 个月执行本定额，第 2 个月和第 3 个月应在按定额计算的基础上乘以系数 0.70，第 4、5、6 个月应在按定额计算的基础上乘以系数 0.40，经过成活保养期后，成活率应达 100%。成活保养期执行保存保养定额。

理论链接 5-5：常绿乔木和落叶乔木

常绿乔木是指终年具有绿叶且株型较大的木本植物。

贵州省常见的常绿乔木有：香樟、广玉兰、红豆杉、雪松（见图 5-7）、罗汉松、红叶石楠、龙柏、四季桂、八月桂、金桂、红果冬青、金合欢、散尾葵、棕榈树、苏铁。

落叶乔木是指每年秋冬季节或干旱季节叶全部脱落的乔木。

贵州省常见的落叶乔木有：银杏（见图 5-8）、红枫、法国梧桐、柳树、垂柳、龙爪槐、鸡爪槭、红叶李、杜仲、杉树、梧桐、白玉兰、紫玉兰、碧桃、火棘、樱花、紫薇、贴梗海棠。

图 5-7 雪松

图 5-8 银杏

任务二 用工程量清单计价法编制绿化种植工程概预算

一、项目要求

学习运用工程量清单计价法编制绿化种植概预算。

时间要求：教学学时为 18 个课时。

质量要求：符合预算编制程序，分类划项合理，费用界定准确，计算顺序正确，金额准确度高（金额数字及大小写）。

安全要求：遵纪守法。

文明要求：合作过程中互相商讨时使用文明用语。

环保要求：废弃纸张不乱丢，商量问题时声音分贝不宜过高。

二、项目分析

工程量清单计价方法关键在于综合单价的组成，一定要注意最后的综合单价是经过换算单位一致后的加总。

三、项目实施的路径与步骤

（一）项目路径

仅以新建的一个绿化种植工程为例，工程内容只考虑栽植、养护两项。

贵阳市一个长方形绿地景观如图 5-9 所示：按比例尺计算后，整理绿地面积为 850 m^2，绿篱长 32 m，草坪面积为 620 m^2（此处省略比例尺换算）。

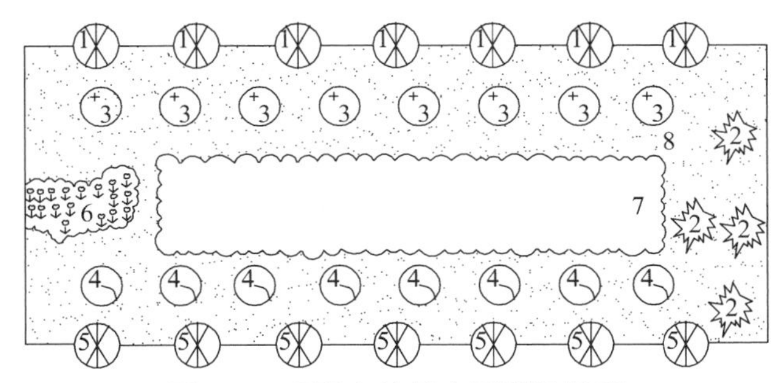

图 5-9　贵阳市某长方形绿地景观

1—广玉兰；2—桧柏；3—紫叶李；4—香樟；5—油松；6—栀子花；7—绿篱-茶花；8—草坪-黑麦草

（二）项目步骤（见图 5-10）

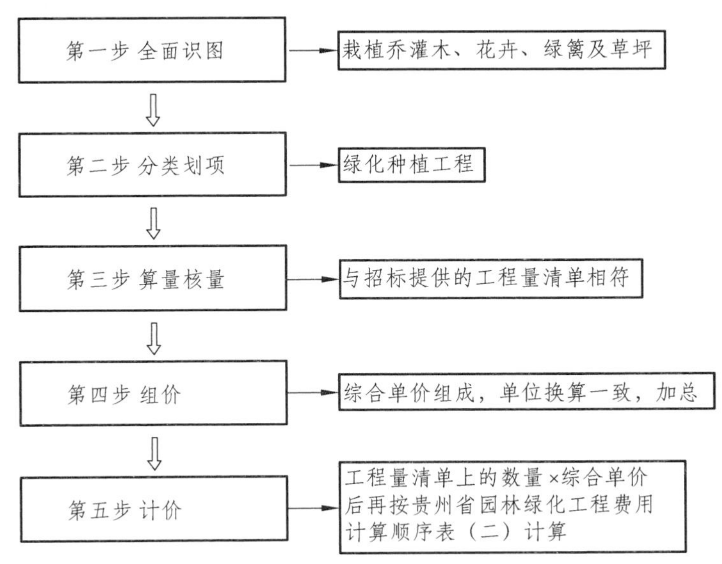

图 5-10　项目步骤

各步的计算表格如表 5-15 ~ 表 5-27 所示。

表 5-15　绿化种植工程量清单

序号	项目编码	项目名称	计量单位	工程量
1	E1-126	栽植乔木、广玉兰，全冠苗、带土球胸径 10 cm 内	株	7
2	E1-126	栽植乔木、桧柏，全冠苗、带土球胸径 10 cm 内	株	4
3	E1-127	栽植乔木、紫叶李，全冠苗、带土球胸径 12cm 内	株	8
4	E1-127	栽植乔木、香樟，全冠苗、带土球胸径 12 cm 内	株	8
5	E1-127	栽植乔木、油松，全冠苗、带土球胸径 12 cm 内	株	6
6	E1-160	栽植灌木、栀子花，带土球冠径 100 cm 内	株	20
7	E1-193	栽植绿篱茶花 60 cm	m	32
8	E1-214	人工播种植草<30 度黑麦草	m^2	620
9	E1-108	人工整理绿化用地	m^2	850

根据各自工作内容，查 2004 版《贵州省园林绿化及仿古建筑工程计价定额（上册）——园林绿化工程》中计价定额表中 P39 E1-108、E1-126、E1-127，P151 E5-20、E5-21，P186 E5-146、E5-147 等人工费、材料费、机械费，根据贵州省园林绿化工程费用计算顺序表（二）中（一）分部分项工程、零星工作项目综合单价计算顺序表可得表 5-16。

表 5-16 综合单价分析表（栽植乔灌木） 单位：元

序号	项目编号	工程内容	综合单价组成					综合单价
			人工费	材料费	机械费	管理费	利润	
1	E1-126	栽植乔木、广玉兰，全冠苗、带土球胸径 10 cm 内	1 434.33	22.19	1 156.36	906.741 5	466.324 2	3 985.945 7
		绿化成活保养（E5-20）	117.31	22.15	0	41.058 5	21.115 8	201.634 3
		绿化保存保养（E5-146）	40.9	6.15	0	14.315	7.362	68.727
		广玉兰	0	228.57	0	0	0	228.57
		合计						283.99
2	E1-126	栽植乔木、桧柏，全冠苗、带土球胸径 10 cm 内	1 434.33	22.19	1 156.36	906.741 5	466.324 2	3 985.945 7
		绿化成活保养（E5-20）	117.31	22.15	0	41.058 5	21.115 8	201.634 3
		绿化保存保养（E5-146）	40.9	6.15	0	14.315	7.362	68.727
		桧柏	0	375	0	0	0	375
		合计						430.42
3	E1-127	栽植乔木、紫叶李，全冠苗、带土球胸径 12 cm 内	2 198.7	31.06	1 541.55	1 309.088	673.245	5 753.642 5
		绿化成活保养（E5-48）	190.45	28.61	0	66.6575	34.281	319.9985
		绿化保存保养（E5-156）	63.93	7.81	0	22.3755	11.5074	105.6229
		紫叶李	0	56.25	0	0	0	56.25
		合计						137.98
4	E1-127	栽植乔木、香樟，全冠苗带土球胸径 12 cm 内	2198.7	31.06	1541.55	1309.088	673.245	5753.6425
		绿化成活保养（E5-21）	167.6	28.76	0	58.66	30.168	285.188
		绿化保存保养（E5-147）	56.26	7.32	0	19.691	10.1268	93.3978
		香樟	0	2250	0	0	0	2250
		合计						2429.88

续表

序号	项目编号	工程内容	综合单价组成					综合单价
			人工费	材料费	机械费	管理费	利润	
5	E1-127	栽植乔木、油松，全冠苗、带土球胸径 12 cm 内	2 198.7	31.06	1 541.55	1 309.088	673.245	5 753.642 5
		绿化成活保养（E5-21）	167.6	28.76	0	58.66	30.168	285.188
		绿化保存保养（E5-147）	56.26	7.32	0	19.691	10.126 8	93.397 8
		油松	0	1 166.67	0	0	0	1 166.67
		合计						1 346.55
6	E1-160	栽植灌木、栀子花，带土球冠径 100 cm 内	184.65	1.68	0	64.627 5	33.237	284.194 5
		绿化成活保养（E5-57）	25.92	3.4	0	9.072	4.665 6	43.057 6
		绿化保存保养（E5-165）	8.71	0.84	0	3.048 5	1.567 8	14.166 3
		栀子花	0	10.5	0	0	0	10.5
		合计						45.84

表 5-17　材料市场询价　　单位：元

序号	材料名称及规格	计量单位	单价
1	广玉兰，全冠苗、带土球胸径 10 cm 内	株	200
2	桧柏，全冠苗、带土球胸径 10 cm 内	株	300
3	紫叶李，全冠苗、带土球胸径 12 cm 内	株	50
4	香樟，全冠苗、带土球胸径 12 cm 内	株	2000
5	油松，全冠苗、带土球胸径 12 cm 内	株	1000
6	栀子花，带土球冠径 100 cm 内	株	10
7	茶花，高 60 cm、冠径 20～25 cm	株	10
8	黑麦草	斤	20

说明一：表 5-16 中人工费、材料费、机械费是查计价定额表所得的，每列管理费 =（人工费+机械费）×35%，利润 =（人工费+机械费）×18%，每行的综合单价就是前 5 项的汇总，每列的综合单价需要将单位换算一致才能加总。综合单价合计数是换算后加总而来的。每行的材料费需要根据计价定额表里的消耗量来测算，即各树种花卉的材料价表示的是购买含消耗量在内的材料单株价格。

说明二：综合单价单位须换算一致才加总（以栽植乔木广玉兰为例）。各表中如有要换算的均按相应方法换算。

表 5-18　综合单价分析表（栽植广玉兰）

综合单价/元	各自定额单位	说　明	每株价格/元
3 985.945 7	100 株		39.86
201.634 3	100 株/月	成活保养期 6 个月	2.016×1＝2.016 2.016×0.7×2＝2.884 2.016×0.4×3＝2.419 2 2.016+2.884+2.419 2＝7.319 2
68.727	100 株/月	保存保养期 12 个月	0.687×12＝8.244
228.57	每株	100 株消耗 105 株，1 株消耗 1.05 株，7 株应购 7×1.05＝7.35 株，即需购 8 株	200×8÷7＝228.57
283.99	每株	每株价格的数值取两位有效数字后相加＝39.86+7.32+8.24+228.57＝283.99	

接下来帮助大家理解表 5-18 中的内容。

（1）按综合单价法计价：283.993 2×7＝1 987.952 4（元）

（2）用换算后每株的价格乘以 7 株计算。

（39.86+7.319 2+8.244）×7＝387.962 4（元）。

购买材料费用：200×8＝1 600（元）。

1 600+387.962 4＝1 987.962 4（元）。

表 5-19　综合单价分析表（栽植绿篱）　　单位：元

序号	项目编号	工程内容	综合单价组成					综合单价
			人工费	材料费	机械费	管理费	利润	
1	E1-193	栽植三排绿篱茶花，长 60 cm	270.86	6.55	0	94.801	48.754 8	420.965 8
		绿化成活保养（E5-102）	36.37	11.05	4.68	14.367 5	7.389	73.856 5
		绿化保存保养（E5-201）	13.52	2.2	4	6.132	3.153 6	29.005 6
		茶花		10				10
		合计						84.28

表 5-20　换算说明表（栽植绿篱）

综合单价/元	各自定额单位	每株价格/元
420.965 8	100 株	4.209 7
73.856 5	100 株/月	7.385 65+7.385 65×0.7×2+7.385 65×0.4×3＝26.59
29.005 6	100 株/月	0.290 056×12＝3.481
10	每株	计价定额中每 100 m 消耗 467 株，则每米消耗 4.67 株，每米买 5 株，则 5×10＝50
84.28		4.21+26.59+3.48+50＝84.28

表 5-21　综合单价分析表（播种草坪）　单位：元

序号	项目编号	工程内容	综合单价组成					综合单价
			人工费	材料费	机械费	管理费	利润	
1	E1-214	喷播植草，<30度黑麦草	46.8	81.2	0	16.38	8.424	152.804
		绿化成活保养（E5-137）	33.85	9.93	1.6	12.408	6.381	64.168 5
		绿化保存保养（E5-238）	18.07	4.84	2	7.024 5	3.612 6	35.547 1
		黑麦草		20				20
		合计						9.22

表 5-22　换算说明表（播种草坪）

综合单价	各自定额单位	每株价格/元
152.804	100株/月	1.528 04
64.168 5	100株/月	0.641 685+0.641 685×0.7×2+0.641 685×0.4×3＝2.31
35.547 1	100株/月	0.355 471×12＝4.265 7
20	100 m^2	每100 m^2消耗2.8 kg，每1 m^2消耗28 g，每1 m^2材料费＝28÷500×20＝1.12
8.22		每行的数值小数点后保留2位有效数字，相加得：1.52+2.31+4.27+1.12＝9.22

表 5-23　综合单位分析表（人工整理绿化用地）

序号	项目编号	工程内容	综合单价组成					综合单价
			人工费	材料费	机械费	管理费	利润	
1	E1-108	人工整理绿化用地	7.96	0	0	2.786	1.432 8	12.178 8
								1.22

表 5-24　工程量清单计价表（绿化种植工程）　单位：元

序号	项目编码	项目名称	计量单位	工程量	综合单价	合价
1	E1-126	栽植广玉兰，全冠苗、带土球胸径10 cm内	株	7	283.99	1 987.93
2	E1-126	栽植桧柏，全冠苗、带土球胸径10cm内	株	4	430.42	1 721.68
3	E1-127	栽植紫叶李，全冠苗、带土球胸径12 cm内	株	8	137.98	1 103.84
4	E1-127	栽植香樟，全冠苗、带土球胸径12 cm内	株	8	2 429.88	19 439.04
5	E1-127	栽植油松，全冠苗、带土球胸径12 cm内	株	6	1 346.55	8 079.3
6	E1-160	栽植栀子花，带土球冠径100 cm内	株	20	45.84	916.8
7	E1-193	栽植绿篱、茶花，长60 cm	m	32	84.28	2 696.96
8	E1-214	喷播植草，＜30度黑麦草	m^2	620	9.22	5716.4
9	E1-108	人工整理绿化用地	m^2	850	1.22	1037
合计	肆万贰仟陆佰玖拾捌元玖角伍分					42 698.95

表 5-25 措施项目费清单计价表

单位：元

序号	费用名称	数量	金额
1	环境保护费	1	10 000
2	文明施工费	1	5 000
3	安全施工费	1	5 000
4	临时设施费	1	150.97
5	生产工具用具费	1	50.32
合计	贰万零贰佰零壹元贰角玖分（20 201.29）		

表 5-26 绿化人机费合计表

单位：元

名　称	人工费	机械费	数量
栽植馒头柳 100 株	1 434.33	1 156.36	7 株
绿化成活保养 100 株/月	117.31	0	
绿化保存保养 100 株/月	40.9	0	
栽植桧柏 100 株	1 434.33	1 156.36	4 株
绿化成活保养 100 株/月	117.31	0	
绿化保存保养 100 株/月	40.9	0	
栽植紫叶李 100 株	2 198.7	1 541.55	8 株
绿化成活保养 100 株/月	190.45	0	
绿化保存保养 100 株/月	63.93	0	
栽植香樟 100 株	2 198.7	1 541.55	8 株
绿化成活保养 100 株/月	167.6	0	
绿化保存保养 100 株/月	56.26	0	
栽植油松 100 株	2 198.7	1 541.55	6 株
绿化成活保养 100 株/月	167.6	0	
绿化保存保养 100 株/月	56.26	0	
栽植栀子花 100 株	184.65	0	20 株
绿化成活保养 100 株/月	25.92	0	
绿化保存保养 100 株/月	8.71	0	
栽植三排绿篱、茶花，100 m	270.86	0	32 m
绿化成活保养 100 m/月	36.37	4.68	
绿化保存保养 100 m/月	13.52	4	
喷播植草，<30 度黑麦草 100 m^2	46.8	0	620 m^2
绿化成活保养 100 m^2/月	33.85	1.6	
绿化保存保养 100 m^2/月	18.07	2	
人工整理绿化用地 10 m^2	7.96	0	850 m^2

说明：注意计价定额表中的前 18 行的数字单位是 100 株，保养是 100 株/月；第 19 行～第 21 行的数字单位是 100 m，保养是 100 m/月；第 22 行～第 24 行的数字单位是 100 m^2，保养是 100 m^2/月；最后一行的数字单位是 10 m^2，人机费合计计算如下：

（14.343+11.564）×7+1.1731×（1+0.7×2+0.4×3）×7+0.409×12×7+（14.343+11.564）×4+1.1731×（1+0.7×2+0.4×3）×4+0.409×12×4+（21.987+15.416）×8+1.9045×（1+0.7×2+0.4×3）×8+0.6393×12×8+（21.987+15.416）×8+1.676×（1+0.7×2+0.4×3）×8+0.562 6×12×8+（21.987+15.416）×6+1.676×（1+0.7×2+0.4×3）×6+0.562 6×12×6+（1.8465+0）×20+0.2592×（1+0.7×2+0.4×3）×20+0.0871×12×20+2.708 6×32+（0.363 7+0.046 8）×（1+0.7×2+0.4×3）×32+（0.135 2+0.04）×12×32+0.468×620+（0.338 5+0.016）×（1+0.7×2+0.4×3）×620+（0.180 7+0.02）×12×620+ 0.796×850

=245.267 12+140.152 64+415.446 4+401.502 4+301.126 8+76.496 4+201.241 6+2 574.612+676.6

=5 032.445 36（元）。

5 032.445 36×3%=150.973 4（元）。

5 032.445 36×1%=50.324 5（元）。

表 5-27　规费项目清单计价表

序号	费用名称	数量	金额/元
1	工程排污费	1	5 000
2	养老保险费	1	754.87
3	失业保险费	1	75.49
4	医疗保险费	1	226.46
5	工伤保险费	1	10 000
6	住房公积金	1	156.01
7	工程定额测定费	1	43.28
合计	壹万陆仟贰佰伍拾陆元壹角壹分（16 256.11）		

说明：计算方法中除了单位人机费合计×一定比例外，按……计算都假设为已知常数。

税金：此题无第四项，故（一+二+三）×3.41%=（42 698.95 6+201.29+16 256.11）×3.41%=79 156.35×3.41%=2 699.23（元）。

含税总造价=79 156.35+2 699.23=81 855.58（元）。

四、项目实施和评价

劳动组织形式：本项目实施中，6 个学生组成一个小组，以长方形绿地景观工程为例，各小组用工程量清单计价法编制预算，组长协助教师指导本组成员进行编制操作，检查项目实施进程和质量，制定改进措施，共同完成项目任务。

所需材料用品：计算器、电脑、2004 版《贵州省园林绿化及仿古建筑工程计价定额（上册）：园林绿化工程》。

项目评价：按质量、时间、安全、文明、环保要求进行考核，每位学生先按下表自评，在此基础上本组同学互评，最后教师进行综合考评，如表 5-28 所示。

表 5-28　项目考核评价表

序号	考核项目	考核内容及要求	评分标准	配分	学生自评	学生互评	教师考评	备注
1	时间要求	360 分钟	未按时完成无分					
2	质量要求	分类划项合理	划项合理、清楚，界定单项、单位、分部、分项工程	10 分	3 分	3 分	4 分	
		费用界定准确	能准确区分各项费用	25 分	7 分	8 分	10 分	
		计算顺序正确	能按费用计算顺序表计算，综合单价组价正确，各费用计算基数正确	40 分	12 分	12 分	16 分	
		预算金额精确	数字金额正确，大小写规范	25 分	7 分	8 分	10 分	
3	安全要求	遵守安全操作规程	不遵守扣 2～5 分					
4	文明要求	遵守文明生产规则	不遵守扣 2～5 分					
5	环保要求	遵守环保生产规则	不遵守扣 2～5 分					

五、项目实施过程中可能出现的问题及对策

问题：人机费合计、综合单价组价单位换算一致才能加总。

解决措施：① 本实例仅以绿化种植工程为例，故单位工程、单项工程是指绿化种植，分部工程、分项工程是指栽植的具体树木；② 以一具体实例来说明单位换算一致才能加总。

六、项目作业

在项目作业的基础上，如考虑到技术措施，再编制其预算。注意各自的换算。

七、项目拓展

在项目作业的基础上，如有砌筑花池土建工程，试编制其预算。

理论链接 5-6：算量核量。

砌筑花池属于零星砖砌体工程，以 m^3 计算其工程量，即长×宽×墙厚。（说明长宽外中内净，外中：外墙中心线长度，一般就是图纸标识的。内净：中心线－墙厚/2－墙厚/2，即中心线－墙厚）。净长线和尺寸线见图 5-11，标准砖墙体厚度见表 5-29。

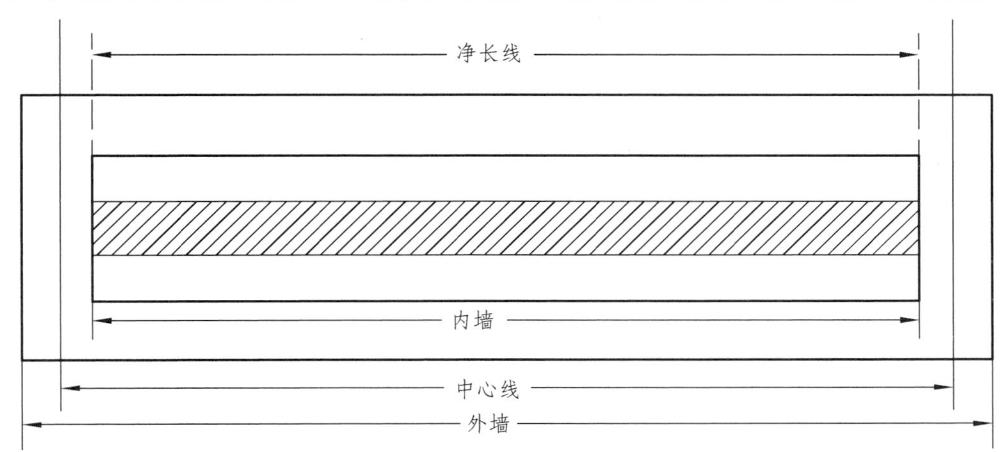

图 5-11　净长线和尺寸线

表 5-29　标准砖墙体厚度

	1/4 砖	1/2 砖	3/4 砖	1 砖	3/2 砖	2 砖	5/2 砖	3 砖
墙厚/cm	5.3	11.5	18	24	36.5	49	61.5	74

理论链接 5-7：需查阅建筑、安装工程 2014 计价定额 P116，并按定额 P4 建筑工程费用计算顺序表计算相关费用。

附录　居住区环境景观设计导则（试行稿）

1　总则

1.1　本导则是为了适应全面建设小康社会的发展要求，满足 21 世纪居住生活水平的日益提高，促进我国环境景观设计尽早达到国际先进水平而编制的。旨在指导设计单位和开发单位的技术人员正确掌握居住区环境景观设计的理念、原则和方法。通过导则的实施，让广大城乡居民在更舒适、更优美、更健康的环境中安居乐业，并为我国的相关规范的制定创造条件。

1.2　本导则遵循国内现行的居住区规划设计规范、住宅设计规范和其他法规，并参考国外相关文献资料编制，具有适用性和指导性。

1.3　居住区环境景观设计应坚持以下原则：

1.3.1　坚持社会性原则。赋予环境景观亲切宜人的艺术感召力，通过美化生活环境，体现社区文化，促进人际交往和精神文明建设，并提倡公共参与设计、建设和管理。

1.3.2　坚持经济性原则。顺应市场发展需求及地方经济状况，注重节能、节材，注重合理使用土地资源。提倡朴实简约，反对浮华铺张，并尽可能采用新技术、新材料、新设备，达到优良的性价比。

1.3.3　坚持生态原则。应尽量保持现存的良好生态环境，改善原有的不良生态环境。提倡将先进的生态技术运用到环境景观的塑造中去，利于人类的可持续发展。

1.3.4　坚持地域性原则。应体现所在地域的自然环境特征，因地制宜地创造出具有时代特点和地域特征的空间环境，避免盲目移植。

1.3.5　坚持历史性原则。要尊重历史，保护和利用历史性景观，对于历史保护地区的住区景观设计，更要注重整体的协调统一，做到保留在先，改造在后。

2　居住区环境的综合营造

2.1　总体环境

2.1.1　环境景观规划必须符合城市总体规划、分区规划及详细规划的要求。要从场地的基本条件、地形地貌、土质水文、气候条件、动植物生长状况和市政配套设施等方面分析设计的可行性和经济性。

2.1.2　依据住区的规模和建筑形态，从平面和空间两个方面入手，通过合理的用地配置，适宜的景观层次安排，必备的设施配套，达到公共空间与私密空间的优化，达到住区整体意境及风格塑造的和谐。

2.1.3　通过借景、组景、分景、添景多种手法，使住区内外环境协调。滨临城市河道的住区宜充分利用自然水资源，设置亲水景观；临近公园或其他类型景观资源的住区，应有意识地留设景观视线通廊，促成内外景观的交融；毗邻历史古迹保护区的住区应尊重历史景观，让珍贵的历史文脉溶于当今的景观设计元素中，使其具有鲜明的个性，并为保护区的开发建设创造更高的经济价值。

2.1.4　住区环境景观结构布局

住区分类	景观空间密度	景观布局	地形及竖内处理
高层住区	高	采用立体景观和集中景观布局形式。高层住区的景观总体布局可适当图案化，既要满足居民在近处观赏的审美要求，又需注重居民在居室中向下俯瞰时的景观艺术效果	通过多层次的地形塑造来增强绿视率
多层住区	中	采用相对集中、多层次的景观布局形式，保证集中景观空间合理的服务半径，尽可能满足不同年龄结构、不同心理取向的居民的群体景观需求，具体布局手法可根据住区规模及现状条件灵活多样，不拘一格，以营造出有自身特色的景观空间	因地制宜，结合住区规模及现状条件适度进行地形处理
低层住区	低	采用较分散的景观布局，使住区景观尽可能接近每户居民，景观的散点布局可结合庭园塑造尺度适人的半围合景观	地形塑造的规模不宜过大，以不影响低层住户的景观视野又可满足其私密度要求为宜
综合住区	不确定	宜根据住区总体规划及建筑形式选用合理的布局形式	适度地形处理

2.2　光环境

2.2.1　住区休闲空间应争取良好的采光环境，有助于居民的户外活动；在气候炎热地区，须考虑足够的荫庇构筑物，以方便居民的交往活动。

2.2.2　选择硬质、软质材料时应考虑对光的不同反射程度，并用以调节室外居住空间受光面与背光面的不同光线要求；住区小品设施设计时宜避免采用大面积的金属、玻璃等高反射性材料，以减少住区光污染；户外活动场地布置时，其朝向应考虑减少眩光。

2.2.3　在满足基本照度要求的前提下，住区室外灯光设计应营造舒适、温和、安静、优雅的生活气氛，不宜盲目强调灯光亮度；光线充足的住区宜利用日光产生的光影变化来形成外部空间的独特景观。

2.3　通风环境

2.3.1　住区住宅建筑的排列应有利于自然通风，不宜形成过于封闭的围合空间，做到疏密有致，通透开敞。

2.3.2　为调节住区内部通风排浊效果，应尽可能扩大绿化种植面积，适当增加水面面积，有利于调节通风量的强弱。

2.3.3　户外活动场的设置应根据当地不同季节的主导风向，并有意识地通过建筑、植物、景观设计来疏导自然气流。

2.3.4　住区内的大气环境质量标准宜达到二级。

2.4　声环境

2.4.1 城市住区的白天噪声允许值宜不大于 45dB，夜间噪声允许值宜不大于 40dB。靠近噪声污染源的住区应通过设置隔音墙、人工筑坡、植物种植、水景造型、建筑屏障等进行防噪。

2.4.2 住区环境设计中宜考虑用优美轻快的背景音乐来增强居住生活的情趣。

2.5 温、湿度环境

2.5.1 温度环境：环境景观配置对住区温度会产生较大影响。北方地区冬季要从保暖的角度考虑硬质景观设计；南方地区夏季要从降温的角度考虑软质景观设计。

2.5.2 湿度环境：通过景观水量调节和植物呼吸作用，使住区的相对湿度保持在 30%～60%之间。

2.6 嗅觉环境

2.6.1 住区内部应引进芬香类植物，排除散发异味、臭味和引起过敏、感冒的植物。

2.6.2 必须避免废异物对环境造成的不良影响，应在住区内设置垃圾收集装置，推广垃圾无毒处理方式，防止垃圾及卫生设备气味的排放。

2.7 视觉环境

2.7.1 以视觉控制环境景观是一个重要且有效的设计方法，如对景、衬景、框景等设置景观视廊都会产生特殊的视觉效果，由此而提升环境的景观价值。

2.7.2 要综合研究视觉景观的多种元素组合，达到色彩宜人、质感亲切、比例恰当、尺度适宜、韵律优美的动态观赏和静态观赏效果。

2.8 人文环境

2.8.1 应十分重视保护当地的文物古迹，并对保留建筑物妥善修缮，发挥其文化价值和景观价值。

2.8.2 要重视对古树名树的保护，提倡就地保护，避免异地移植，也不提倡从居住区外大量移入名贵树种，造成树木存活率降低。

2.8.3 保持地域原有的人文环境特征，发扬优秀的民间习俗，从中提炼有代表性的设计元素，创造出新的景观场景，引导新的居住模式。

2.9 建筑环境

2.9.1 建筑设计应考虑建筑空间组合、建筑造型等与整体景观环境的整合，并通过建筑自身形体的高低组合变化和与住区内、外山水环境的结合，塑造具有个性特征和可识别性的住区整体景观。

2.9.2 建筑外立面处理。

（1）形体。住区建筑的立面设计提倡简洁的线条和现代风格，并反映出个性特点。

（2）材质。鼓励建筑设计中选用美观经济的新材料，通过材质变化及对比丰富外立面。建筑底层部分外墙处理宜细。外墙材料选择时须注重防水处理。

（3）色彩。居住建筑宜以淡雅、明快的风格为主。在景观单调处，可通过建筑外墙面的色彩变化或适宜的壁画来丰富外部环境。

（4）住宅建筑外立面设计应考虑室外设施的位置，保持住区景观的整体效果。

3 景观设计分类

3.1 分类原则

本导则的景观设计分类是依据居住区的居住功能特点和环境景观的组成元素而划分的，

不同于狭义的“园林绿化”，它是以景观来塑造人的交往空间形态，突出了“场所 + 景观”的设计原则，具有概念明确、简练实用的特点，有助于工程技术人员对居住区环境景观的总体把握和判断。

3.2　设计元素

景观设计元素是组成居住区环境景观的素材。本导则列出的景观设计元素仅是诸多素材中的常见部分，其中一些重要的量化指标可作为设计参考依据。设计元素根据其不同特征分为功能类元素、园艺类元素和表象类元素，如附表 1-1 所示。

附表 1-1　设计元素

序号	设计分类	设计元素		
		功能类元素	园艺类元素	表象类元素
1	绿化种植景观		植物配置 宅旁绿地 隔离绿地 架空层绿地 平台绿地 屋顶绿地 绿篱设置 古树名木保护	
2	道路景观	机动车道 步行道 路缘 车挡 缆柱		
3	场所景观	健身运动场 游乐场 休闲广场		
4	硬质景观	便民设施 信息标志 栏杆、扶手 围栏、栅栏 挡土墙 坡道 台阶 种植容器 入口造型	雕塑小品	
5	水景景观	1. 自然水景 驳岸 景观桥 木栈道 2. 泳池水景 3. 景观用水	1. 庭院水量 瀑布 溪流 跌水 生态水池、涉水池 2. 装饰水景 喷泉 倒影池	

续表

序号	设计分类	设计元素		
		功能类元素	园艺类元素	表象类元素
6	庇护性景观	亭 廊 棚架 膜结构		
7	模拟化景观		假山 假石 人造树木 人造草坪 枯水	
8	高视点景观			图案、色块、屋顶、色彩、层次、密度、荫影、轮廓
9	照明景观	车行照明 人行照明 场地照明 安全照明		特写照明 装饰照明

4 绿化种植景观

4.1 居住区公共绿地设置

根据居住区不同的规划组织结构类型，设置相应的中心公共绿地，包括居住区公园（居住区级）、小游园（小区级）和组团绿地（组团级），以及儿童游戏场和其他的块状、带状公共绿地等，并应符合附表 1-2 的规定。（表内“设置内容”可根据具体条件选用）

附表 1-2 居住区各级中心公共绿地设置规定

中心绿地名称	设置内容	要求	最小规格/hm^2	最大服务半径/m
居住区公园	花木草坪、花坛水面，凉亭雕塑、小卖茶座，老幼设施、停车场地和铺装地面等	园内布局应有明确的功能划分	1.0	800 ~ 1 000
小游园	花木草坪、花坛水面、雕塑、儿童设施和埔装地面等	园内布局应有一定的功能划分	0.4	400 ~ 500
组团绿地	花木草坪、桌椅、简易儿童设施等	可灵活布局	0.04	

注：① 居住区公共绿地至少有一边与相应级别的道路相邻；② 应满足有不少于 1/3 的绿地面积在标准日照阴影范围之外；③ 块状、带状公共绿地同时应满足宽度不小于 8 m、面积不少于 400 m^2 的要求；④ 参见《城市居住区规划设计规范》。

4.2 公共绿地指标

公共绿地指标应根据居住人口规模分别达到：组团级不少于 0.5 m^2/人，小区（含组团）不少于 1 m^2/人，居住区（含小区或组团）不少于 1.5 m^2/人。

4.3　绿地率

新区建设应不小于 30%，旧区改造宜不小于 25%，种植成活率不小于 98%。

4.4　院落组团绿地（见附表 1-3）

附表 1-3　院落组团绿地设置规定

封闭型绿地		开敞型绿地	
南侧多层楼	南侧高层楼	南侧多层楼	南侧高层楼
$L\geqslant 1.5(L_e)$	$L\geqslant 1.5(L_e)$	$L\geqslant 1.5(L_e)$	$L\geqslant 1.5(L_e)$
$L\geqslant 30$ m	$L\geqslant 50$ m	$L\geqslant 30$ m	$L\geqslant 50$ m
$S_1\geqslant 800$ m^2	$S_1\geqslant 1200$ m^2	$S_1\geqslant 800$ m^2	$S_1\geqslant 1200$ m^2
$S_2\geqslant 1000$ m^2	$S_2\geqslant 1200$ m^2	$S_2\geqslant 1000$ m^2	$S_2\geqslant 1200$ m^2

其中：L——南北两楼正面间距（m）；

L_2——当地住宅的标准日照间距（m）；

S_1——北侧为多层楼的组团绿地面积（m^2）；

S_2——北侧为高层楼的组团绿地面积（m^2）。

4.5　绿化种植相关间距控制规定（见附表 1-4）

4.5.1　绿化植物栽植间距和绿化带最小宽度规定。

附表 1-4　绿化植物栽植间距

名　称	不宜小于/m	不宜大于/m
一行行道树	4.00	6.00
两行行道树（棋盘式栽植）	3.00	5.00
乔木群栽	2.00	—
乔木与灌木	0.50	—
灌木群栽（大灌木） （中灌木） （小灌木）	1.00 0.75 0.30	3.00 0.50 0.80

4.5.2　绿化带最小宽度规定（见附表 1-4）。

附表 1-4　绿化带最小宽度

名　称	最小宽度/m	名　称	最小宽度/m
一行乔木	2.00	一行灌木带（大灌木）	2.50
两行乔木（并列栽植）	6.00	一行乔木与一行绿篱	2.50
两行乔木（棋盘式栽植）	5.00	一行乔木与两行绿篱	3.00
一行灌木带（小灌木）	1.50		

4.5.3　绿化植物与建筑物、构筑物最小间距的规定（见附表 1-6）。

附表 1-6 绿化植物与建筑物、构筑物的最小间距

建筑构、构筑构名称	最小间距/m	
	至乔木中心	至灌木中心
建筑物外墙（有窗）	3.0～5.0	1.5
建筑物外墙（无窗）	2.0	1.5
挡土墙顶内和墙脚外	2.0	0.5
围墙	2.0	1.0
铁路中心线	5.0	3.5
道路路面边缘	0.75	0.5
人行道路面边缘	0.75	0.5
排水沟边缘	1.0	0.5
体育用场地	3.0	3.0
喷水冷却池外缘	40.0	
塔式冷却塔外缘	1.5 倍塔高	

4.5.4　绿化植物与管线的最小间距（见附表 1-7）。

附表 1-7 绿化植物与管线的最小间距

管线名称	最小间距/m	
	乔木（至中心）	灌木（至中心）
给水管、闸井	1.5	不限
污水管、雨水管、探井	1.0	不限
煤气管、探井	1.5	1.5
电力电缆、电信电缆、电信管道	1.5	1.0
热力管（沟）	1.5	1.5
地上杆柱（中心）	2.0	不限
消防龙头	2.0	1.2

4.6　道路交叉口植物布置规定

道路交叉口处种植树木时，必须留出非植树区，以保证行车安全视距，即在该视野范围内不应栽植高于 1 m 的植物，而且不得妨碍交叉口路灯的照明，为交通安全创造良好条件，如附表 1-8 所示。

附表 1-8 道路交叉口植物布置

行车速度不大于 40 km/h	非植树区不应小于 30 m
行车速度不大于 25 km/h	非植树区不应小于 14 m
机动车道与非机动车道交叉口	非植树区不应小于 10 m
机动车道与铁路交叉口	非植树区不应小于 50 m

4.7　植物配置

4.7.1　植物配置的原则。

（1）适应绿化的功能要求，适应所在地区的气候、土壤条件和自然植被分布特点，选择抗病虫害强、易养护管理的植物，体现良好的生态环境和地域特点。

（2）充分发挥植物的各种功能和观赏特点，合理配置，常绿与落叶、速生与慢生相结合，构成多层次的复合生态结构，达到人工配置的植物群落自然和谐。

（3）植物品种的选择要在统一的基调上力求丰富多样。

（4）要注重种植位置的选择，以免影响室内的采光通风和其他设施的管理维护。

4.7.2　适合居住区种植的植物分为六类：乔木、灌木、藤本植物、草本植物、花卉及竹类。

4.7.3　植物配置按形式分为规则式和自由式，配置组合基本有以下几种，如附表 1-9 所示。

附表 1-9　植物配置组合方式

组合名称	组合形态及效果	种植方式
孤植	突出树木的个体美，可成为开阔空间的主景	多选用粗壮高大、体形优美、树冠较大的乔木
对植	突出树木的整体美，外形整齐美观，高矮大小基本一致	以乔灌木为主，在轴线两侧对称种植
丛植	以多种植物组合成的观赏主体，形成多层次绿化结构。	由遮阳为主的丛植多由数株乔木组成，以观赏为主的多由乔灌木混交组成
树群	以观赏树组成，表现整体造型美，产生起伏变化的背景效果，衬托前景或建筑物	由数株同类或异类树种混合种植，一般树群长宽比不超过 3∶1，长度不超过 60 m
草坪	分观赏草坪、游憩草坪、运动草坪、变通安全草坪、护坡草皮，主要种植矮小草本植物，通常成为绿地景观的前景	按草坪用途选择品种，一般容许坡度为 1%～5%，适宜坡度为 2%～3%

4.8　植物组合的空间效果

植物作为三维空间的实体，以各种方式交互形成多种空间效果，植物的高度和密度影响空间的塑造，如附表 1-10 所示。

附表 1-10　植物组合的空间效果

植物分类	植物高度/cm	空间效果
花卉、草坪	13～15	能覆盖地表，美化开敞空间，在平面上暗示空间
灌木、花卉	40～45	产生引导效果，界定空间范围
灌木、竹类、藤本类	90～100	产生屏障功能，改变暗示空间的边缘，限定交通流线
乔木、灌木、藤本类、竹类	135～140	分隔空间，形成连续完整的围合空间
乔木、藤本类	高于人水平视线	产生较强的视线引导作用，可形成较私密的交往空间
乔木、藤本类	高大树冠	形成顶面的封闭空间，具有遮蔽功能，并改变天际线的轮廓

4.9　绿篱设置

4.9.1　绿篱有组成边界、围合空间、分隔和遮挡场地的作用，也可作为雕塑小品的背景。

4.9.2　绿篱以行列式密植植物为主，分为整形绿篱和自然绿篱。整形绿篱常选用生长缓慢、分枝点低、枝叶结构紧密的低矮灌乔木，适合人工修剪整形。自然绿篱选用的植物体量则相对较高大。绿篱地上生长空间要求高度一般为 0.5 ~ 1.6 m，宽度为 0.5 ~ 1.8 m。

4.9.3　绿篱树的行距和株距（见附表 1-11）。

附表 1-11　绿篱树的行距和株距

栽植类型	绿篱高度/m	株行距/m		绿篱计算宽度/m
		株　距	行　距	
一行中灌木 两行中灌木	1 ~ 2	0.40 ~ 0.60 0.50 ~ 0.70	— 0.40 ~ 0.60	1.00 1.40 ~ 1.60
一行小灌木 两行小灌木	<1	0.25 ~ 0.35 0.25 ~ 0.35	— 0.25 ~ 0.30	0.80 1.10

4.10　宅旁绿化

4.10.1　宅旁绿地贴近居民，特别具有通达性和实用观赏性。宅旁绿地的种植应考虑建筑物的朝向（如在华北地区，建筑物南面不宜种植过密，以免影响通风和采光）。近窗不宜种植高大灌木；而在建筑物的西面，需要种植高大阔叶乔木，对夏季降温有明显的效果。

4.10.2　宅旁绿地应设计方便居民行走及滞留的适量硬质铺地，并配植耐践踏的草坪。阴影区宜种植耐阴植物。

4.11　隔离绿化

4.11.1　居住区道路两侧应栽种乔木、灌木和草本植物，以减少交通造成的尘土、噪声及有害气体，有利于沿街住宅区内保持安静和卫生。行道树应尽量选择枝冠水平伸展的乔木，起到遮阳降温的作用。

4.11.2　公共建筑与住宅之间应设置隔离绿地，多用乔木和灌木构成浓密的绿色屏障，以保持居住区的安静，居住区内的垃圾站、锅炉房、变电站、变电箱等欠美观地区可用灌木或乔木加以隐蔽。

4.12　架空空间绿化

4.12.1　住宅底层架空广泛适用于南方亚热带气候区的住宅，利于居住院落的通风和小气候的调节，方便居住者遮阳避雨，并起到绿化景观的相互渗透作用。

4.12.2　架空层内宜种植耐阴性的花草灌木，局部不通风的地段可布置枯山水景观。

4.12.3　架空层作为居住者在户外活动的半公共空间，可配置适量的活动和休闲设施。

4.13　平台绿化

4.13.1　平台绿化一般要结合地形特点及使用要求设计，平台下部空间可作为停车库、辅助设备用房、商场或活动健身场地等；平台上部空间可作为安全美观的行人活动场所。要把握“人流居中，绿地靠窗”的原则，即将人流限制在平台中部，以防止对平台首层居民的干扰，绿地靠窗设置，并种植一定数量的灌木和乔木，减少户外人员对室内居民的视线干扰。

4.13.2　平台绿地应根据平台结构的承载力及小气候条件进行种植设计，既要解决好排水和草木浇灌问题，也要解决下部采光问题，可结合采光口或采光罩进行统一规划。

4.13.3　平台上种植土厚度必须满足植物生长的要求，一般参考控制厚度见附表 1-12，对于较高大的树木，可在平台上设置树池栽植。

附表 1-12　种植土厚度

种植物	种植土最小厚度/cm		
	南方地区	中部地区	北方地区
花卉草坪地	30	40	50
灌木	50	60	80
乔木、藤本植物	60	80	100
中、高乔木	80	100	150

4.14　屋顶绿化

4.14.1　建筑屋顶自然环境与地面有所不同，日照、温度、风力和空气成分等随建筑物高度而变化。

（1）屋顶接受太阳光辐射强，光照时间长，对植物生长有利。

（2）温差变化大，夏季白天温度比地面高 3 ~ 5 °C，夜间又比地面低 2 ~ 3 °C；冬季屋面温度比地面高，有利于植物生长。

（3）屋顶风力比地面大 1 ~ 2 级，对植物发育不利。

（4）相对湿度比地面低 10% ~ 20%，植物蒸腾作用强，更需保水。

4.14.2　屋顶绿地分为坡屋面和平屋面绿化两种，应根据上述生态条件种植耐旱、耐移栽、生命力强、抗风力强、外形较低矮的植物。坡屋面多选择贴伏状藤本或攀缘植物。平屋顶以种植观赏性较强的花木为主，并适当配置水池、花架等小品，形成周边式和庭园式绿化。

4.14.3　屋顶绿化数量和建筑小品放置位置，应经过荷载计算确定。考虑绿化的平屋顶荷载为 500 ~ 1000 kg/m^2，为了减轻屋顶的荷载，栽培介质常用轻质材料按所需比例混合而成（如营养土、土屑、蛭石等）。

4.14.4　屋顶绿化可用人工浇灌，也可采用小型喷灌系统和低压滴灌系统。屋顶多采用屋面找坡或设排水沟和排水管的方式解决排水问题，避免积水造成植物根系腐烂。

4.15　停车场绿化

车场的绿化景观可分为周界绿化、车位间绿化和地面绿化及铺装，如附表 1-13 所示。

附表 1-13　停车场绿化

绿化部位	景观及功能效果	设计要点
周界绿化	形成分隔带，减少视线干扰和居民的随意穿越。遮挡车辆反光对居室内的影响。增加了车场的领域感，同时美化了周边环境	较密集排列种植灌木和乔木，乔木树干要求挺直；车场周边也可围合装饰景墙，或种植攀缘植物进行垂直绿化
车位间绿化	多条带状绿化种植产生陈列式韵律感，改变车场内环境，并形成庇荫，避免阳光直射车辆	车位间绿化带由于受车辆尾气排放的影响，不宜种植花卉。为满足车辆的垂直停放和种植物的保水要求，绿化带一般宽为 1.5 ~ 2 m，乔木沿绿带排列，间距应不小于 2.5 m，以保证车辆在其间停放
地面绿化及铺装	地面铺装和植草砖使场地色彩产生变化，减弱大面积硬质地面的生硬感	采用混凝土或塑料植草砖铺地。种植耐碾压草种，选择满足碾压要求且具有透水功能的实心砌块铺装材料

4.16 古树名木保护

4.16.1 古树，指树龄在一百年以上的树木；名木，指国、内外稀有且具有历史价值和纪念意义等重要科研价值的树木。

古树名木分为一级和二级。凡是树龄在300年以上，或者特别珍贵稀有，具有重要历史价值和纪念意义、重要科研价值的古树名木为一级；其余为二级。

古树名木是人类的财富，也是国家的活文物，一级古树名木要报国务院建设行政主管部门备案；二级古树名木要报省、自治区、直辖市建设行政主管部门备案。

新建、改建、扩建的建设工程影响古树名木生长的，建设单位必须提出避让和保护措施。

4.16.2 古树名木的保护必须符合下列要求：

（1）古树名木保护范围的划定必须符合下列要求：成行地带外绿树树冠垂直投影及其外侧5 m宽和树干基部外缘水平距离为树胸径20倍以内。

（2）保护范围内不得损坏表土层和改变地表高程，除保护及加固设施外，不得设置建筑物、构筑物及架（埋）设各种过境管线，不得栽植缠绕古树名木的藤本植物。

（3）保护区附近不得设置可能损坏古树名木的有害水、气的设施。

（4）采取有效的工程技术措施和创造良好的生态环境，维护其正常生长。

国家严禁砍伐、移植古树名木，或转让买卖古树名木。

在绿化设计中要尽量发挥古树名木的文化历史价值的作用，丰富环境的文化内涵。

5 道路景观

5.1 景观功能

5.1.1 道路作为车辆和人员的汇流途径，具有明确的导向性，道路两侧的环境景观应符合导向要求，并达到步移景移的视觉效果。道路边的绿化种植及路面质地色彩的选择应具有韵律感和观赏性。

5.1.2 在满足交通需求的同时，道路可形成重要的视线走廊，因此，要注意道路的对景和远景设计，以强化视线集中的观景。

5.1.3 休闲性人行道、园道两侧的绿化种植，要尽可能形成绿荫带，并连接花台、亭廊、水景、游乐场等，形成休闲空间的有序展开，增强环境景观的层次。

5.1.4 居住区内的消防车道占人行道、院落车行道合并使用时，可设计成隐蔽式车道，即在4 m幅宽的消防车道内种植不妨碍消防车通行的草坪花卉，铺设人行步道，平日作为绿地使用，应急时供消防车使用，有效地弱化了单纯消防车道的生硬感，提高了环境和景观效果。

5.2 居住区道路宽度（见附表1-14）

附表1-14 居住区道路宽度

道路名称	道路宽度
居住区道路	红线宽度不宜小于20 m
小区路	路面宽5～8 m，建筑控制线之间的宽度，采暖区不宜小于14 m，非采暖区不宜小于10 m
组团路	路面宽3～5 m，建筑控制线之内的宽度，采暖区不宜小于10 m，非采暖区不宜小于8 m
宅间小路	路面宽度不宜小于2.5 m
园路（甬路）	路面宽度不宜小于1.2 m

5.3　道路及绿地最大坡度（见附表 1-15）

附表 1-15　道路及绿地最大坡度

道路及绿地		最大坡度
道路	普通道路	17%（1/6）
	自行车专用道	5%
	轮椅专用道	8.5%（1/12）
	轮椅园路	4%
	路面排水	1%～2%
绿地	草皮坡度	45%
	中高木绿化种植	30%
	草坪修剪机作业	15%

5.4　路面分类及适用场地（见附表 1-16）

附表 1-16　道路分类及适用场地

序号	道路分类		路面主要特点	适用场地								
				车道	人行道	停车场	广场	园路	游乐场	露台	屋顶广场	体育场
1	沥青	不透水沥青路面	①热辐射低，光反射弱，全年使用，耐久，维护成本低。②表面不吸水，不吸尘。遇溶解剂可溶解。③弹性随混合比例而变化，遇热变软	√	√	√						
		透水性沥青路面			√	√						
		彩色沥青路面			√		√					
2	混凝土	混凝土路面	坚硬，无弹性，铺装容易，耐久，全年使用，维护成本低，撞击易碎	√	√	√	√					
		水磨石路面	表面光滑，可配成多种色彩，有一定硬度，可组成图案装饰		√		√	√	√			
		梗压路面	易成形，铺装时间短。分坚硬、柔软两种，面层纹理色泽可变		√		√	√				
		混凝土预制砌块路面	有防滑性。步行舒适，施工简单，修整容易，价格低廉，色彩式样丰富		√	√	√	√				
		水刷石路面	表面砾石均匀露明，有防滑性，观赏性强，砾石粒径可变。不易清扫		√		√	√				
3	花砖	釉面砖路面	表面光滑，铺筑成本较高，色彩鲜明。撞击易碎，不适应寒冷气温		√				√			
		陶瓷砖路面	有防滑性，有一定的透水性，成本适中。撞击易碎，吸尘，不易清扫		√			√	√	√		

续表

序号	道路分类		路面主要特点	适用场地								
				车道	人行道	停车场	广场	园路	游乐场	露台	屋顶广场	体育场
3	花砖	透水花砖路面	表面有微孔，形状多样，相互咬合，反光较弱		√	√					√	
		黏土砖路面	价格低廉，施工简单。分平砌和竖砌，接缝多可渗水。平整度差，不易清扫		√		√	√				
4	天然石材	石块路面	坚硬密实，耐久，抗风化强，承重大。加工成本高，易受化学腐蚀，粗表面，不易清扫；光表面，防滑差		√		√	√				
		碎石、卵石路面	在道路基底上用水泥黏铺，有防滑性能，观赏性强。成本较高，不易清扫			√						
		砂石路面	砂石级配合，碾压成路面，价格低，易维修，无光反射，质感自然，透水性强					√				
5	砂土	砂土路面	用天然砂或级配砂铺成软性路面，价格低，无光反射，透水性强。需常湿润					√				
		黏土路面	用混合黏土或三七灰土铺成，有透水性，价格低，无光反射，易维修					√				
6	木	木地板路面	有一定弹性，步行舒适，防滑，透水性强。成本较高，不耐腐蚀。应选耐潮湿木料					√	√			
		木砖路面	步行舒适，防滑，不易起翘。成本较高，需作防腐处理，应选耐潮湿木料					√		√		
		木屑路面	质地松软，透水性强，取材方便，价格低廉，表面铺树皮具有装饰性					√				
7	合成树脂	人工草皮路面	无尘土，排水良好，行走舒适，成本适中。负荷较轻，维护费用高			√	√					
		弹性橡胶路面	具有良好的弹性，排水良好。成本较高，易受损坏，清洗费时							√	√	√
		合成树脂路面	行走舒适、安静，排水良好。分弹性和硬性，适于轻载，需要定期修补								√	√

5.5 路缘石及边沟

5.5.1 路缘石设置功能：确保行人安全，进行交通引导。保持水土，保护种植，区分路面铺装。

5.5.2 路缘石可采用预制混凝土、砖、石料和合成树脂材料，适宜高度为 100 ~ 150 mm。

5.5.3　区分路面的路缘，要求铺设高度整齐统一，局部可采用与路面材料相搭配的花砖或石料；绿地与混凝土路面、花砖路面、石路面交界处可不设路缘；与沥青路面交界处应设路缘。

5.5.4　边沟是用于道路或地面排水的，车行道排水多采用带铁篦子的 L 形边沟和 U 形边沟；广场地面多采用蝶形状和缝形边沟；铺地砖的地面多采用加装饰的边沟，要注重色彩的搭配；平面型边沟水篦格栅宽度要参考排水量和排水坡度确定，一般采用 250 ~ 300 mm；缝型边沟一般缝隙不小于 20 mm。

5.6　道路车挡、缆柱

5.6.1　车挡和缆柱是限制车辆通行和停放的路障设施，其造型设置地点应与道路的景观相协调。车挡和缆柱分为固定式和可移动式的，固定车挡可加锁由私人管理。

5.6.2　车挡材料一般采用钢管和不锈钢制作，高度为 70 cm 左右；通常设计间距为 60 cm；但有轮椅和其他残疾人用车地区，一般按 90 ~ 120 cm 的间距设置，并在车挡前后设置约 150 cm 左右的平路，以便于轮椅的通行。

5.6.3　缆柱分为有链条式和无链条式两种。缆柱可用铸铁、不锈钢、混凝土、石材等材料制作，缆柱高度一般为 40 ~ 50 cm，可作为街道坐凳使用；缆柱间距宜为 120 cm 左右。带链条的缆柱间距也可由链条长度决定，一般不超过 2 m。缆柱链条可采用铁链、塑料链和粗麻绳制作。

6　场所景观

6.1　健身运动场

6.1.1　居住小区的运动场所分为专用运动场和一般的健身运动场，小区的专用运动场多指网球场、羽毛球场、门球场和室内外游泳场，这些运动场应按其技术要求由专业人员进行设计。健身运动场应分散在住区方便、居民就近使用而又不扰民的区域。不允许有机动车和非机动车穿越运动场地。

6.1.2　健身运动场包括运动区和休息区。运动区应保证有良好的日照和通风，地面宜选用平整防滑适于运动的铺装材料，同时应满足易清洗、耐磨、耐腐蚀的要求。室外健身器材要考虑老年人的使用特点，采取防跌倒措施。休息区布置在运动区周围，供健身运动的居民休息和存放物品。休息区宜种植遮阳乔木，并设置适量的座椅。有条件的小区可设置直饮水装置（饮泉）。

6.2　休闲广场

6.2.1　休闲广场应设于住区的人流集散地（如中心区、主入口处），面积应根据住区规模和规划设计要求确定，形式宜结合地方特色和建筑风格考虑。广场上应保证大部分面积有日照和遮风条件。

6.2.2　广场周边宜种植适量庭荫树和休息座椅，为居民提供休息、活动、交往的设施，在不干扰邻近居民休息的前提下保证适度的灯光照度。

6.2.3　广场铺装以硬质材料为主，形式及色彩搭配应具有一定的图案感，不宜采用无防滑措施的光面石材、地砖、玻璃等。广场出入口应符合无障碍设计要求。（广场地面材料选择可参见 5.4 路面分类及适用场地）

6.3　游乐场

6.3.1　儿童游乐场应该在景观绿地中划出固定的区域，一般均为开敞式。游乐场地必须阳光充足，空气清洁，能避开强风的袭扰。应与住区的主要交通道路相隔一定距离，减少汽车噪声的影响并保障儿童的安全。游乐场的选址还应充分考虑儿童活动产生的嘈杂声对附近居民的影响，离开居民窗户 10 m 远为宜。

6.3.2 儿童游乐场周围不宜种植遮挡视线的树木，保持较好的可通视性，便于成人对儿童进行目光监护。

6.3.3 儿童游乐场设施的选择应能吸引和调动儿童参与游戏的热情，兼顾实用性与美观。色彩可鲜艳但应与周围环境相协调。游戏器械选择和设计应尺度适宜，避免儿童被器械划伤或从高处跌落，可设置保护栏、柔软地垫、警示牌等。

6.3.4 居住区中心较具规模的游乐场附近应为儿童提供饮用水和游戏水，便于儿童饮用、冲洗和进行筑沙游戏等。

6.3.5 儿童游乐设施设计要点（见附表 1-17）

附表 1-17 儿童游乐设施设计要点

序号	设施名称	设 计 要 点	适用年龄
1	砂 坑	① 居住区砂坑一般规模为 10～20 m^2，安置游乐器具的砂坑要适当加大，以确保基本活动空间，利于儿童之间的相互接触。② 砂坑深 40～45 cm，砂子必须以中细砂为主，并经过冲洗。砂坑四周应竖 10～15 m 的围沿，防止砂土流失或雨水灌入。围沿一般采用混凝土、塑料和木制，上可铺橡胶软垫。③ 砂坑内应敷设暗沟排水，防止动物在坑内排泄	3～6 岁
2	滑 梯	① 滑梯由攀登段、平台段和下滑段组成，一般采用木材、不锈钢、人造水磨石、玻璃纤维、增强塑料制作，保证滑板表面平滑。② 滑梯攀登梯架倾角为 70°左右，宽 40 cm，踢板高 6 cm，双侧设扶手栏杆。休息平台周围设 80 cm 高防护栏杆。滑板倾角 30°～35°，宽 40 cm，两侧直缘为 18 m，便于儿童双脚制动。② 成品滑板和自制滑梯都应在梯下部铺厚度不小于 3 cm 的胶垫，或 40 cm 的砂土，防止儿童坠落受伤	3～6 岁
3	秋 千	① 秋千分板式、座椅式、轮胎式几种，其场地尺寸根据秋千摆动幅度及与周围游乐设施间距确定。② 秋千一般高 2.5 m，长 3.5～6.7 m（分单座、双座、多座），周边安全护栏高 60 cm，踏板距地 35～45 cm。幼儿用距地为 25 cm。③ 地面需设排水系统和铺设柔性材料	6～15 岁
4	攀登架	① 攀登架标准尺寸为 2.5 m×2.5 m（高×宽），格架宽为 50 cm，架杆选用钢骨和木制。多组格架可组成攀登架式迷宫。② 架下必须铺装柔性材料	8～12 岁
5	跷跷板	① 普通双连式跷跷板宽为 1.8 m，长 3.6 m，中心轴高 45 cm。② 跷跷板端部应放置旧轮胎等设备作缓冲垫	8～12 岁
6	游戏墙	① 墙体高控制在 1.2 m 以下，供儿童跨越或骑乘，厚度为 15～35 cm。② 墙上可适当开孔洞，供儿童穿越和窥视，激发游乐兴趣。③ 墙体顶部边沿应做成圆角，墙下铺软垫。④ 墙上绘制的图案不易褪色	6～10 岁
7	滑板场	① 滑板场为专用场地，要利用绿化种植、栏杆等与其他休闲区分隔开。② 场地用硬质材料铺装，表面平整，并具有较好的摩擦力。③ 设置固定的滑板练习器具，铁管滑架、曲面滑道和台阶总高度不宜超过 60 cm，并留出足够的滑跑安全距离	10～15 岁
8	迷 宫	① 迷宫由灌木丛墙或实墙组成，墙高一般在 0.9～1.5 m 之间，以能遮挡儿童视线为准，通道宽为 1.2 m。② 灌木丛墙需进行修剪以免划伤儿童。③ 地面以碎石、卵石、水刷石等材料铺砌	6～12 岁

7　硬质景观

7.1　雕塑小品

7.1.1　硬质景观是相对种植绿化这类软质景观而确定的名称，泛指用质地较硬的材料组成的景观。硬质景观主要包括雕塑小品、围墙/栅栏、挡墙、坡道、台阶及一些便民设施等。

7.1.2　雕塑小品与周围环境共同塑造出一个完整的视觉形象，同时赋予景观空间环境以生气和主题，通常以其小巧的格局、精美的造型来点缀空间，使空间诱人而富于意境，从而提高整体环境景观的艺术境界。

7.1.3　雕塑按使用功能分为纪念性、主题性、功能性与装饰性雕塑等。从表现形式上可分为具象和抽象、动态和静态雕塑等。

7.1.4　雕塑在布局上一定要注意与周围环境的关系，恰如其分地确定雕塑的材质、色彩、体量、尺度、题材、位置等，展示其整体美、协调美。

应配合住区内建筑、道路、绿化及其他公共服务设施而设置，起到点缀、装饰和丰富景观的作用。特殊场合的中心广场或主要公共建筑区域，可考虑主题性或纪念性雕塑。

7.1.5　雕塑应具有时代感，要以美化环境、保护生态为主题，体现住区人文精神。以贴近人为原则，切忌尺度超长、过大。更不宜采用金属光泽的材料制作。

7.2　便民设施

7.2.1　居住区便民设施包括音响设备、自行车架、饮水器、垃圾容器、座椅（具），以及书报亭、公用电话、邮政信报箱等。

便民设施应容易辨认，其选址应注意减少混乱且方便易达。

在居住区内，宜将多种便民设施组合为一个较大单体，以节省户外空间和增强场所的视景特征。

7.2.2　音响设施

在居住区户外空间中，宜在距住宅单元较远地带设置小型音响设施，并适时地播放轻柔的背景音乐，以增强居住空间的轻松气氛。

音响外形可结合景物元素设计。音响高度应在 0.4 ~ 0.8 m 之间为宜，保证声源能均匀扩放，无明显强弱变化。音响放置位置一般应相对隐蔽。

7.2.3　自行车架

自行车在露天场所停放，应划分出专用场地并安装车架。自行车架分为槽式单元支架、管状支架和装饰性单元支架，占地紧张的时候可采用双层自行车架，自行车架尺寸按附表 1-8 制作。

附表 1-18　自行车架尺寸

车辆类别	停车方式	停车通道宽/m	停车带宽/m	停车车架位宽/m
自行车	垂直停放	2	2	0.6
	错位停放	2	2	0.45
摩托车	垂直停放	2.5	2.5	0.9
	倾斜停放	2	2	0.9

7.2.4　饮水器（饮泉）

饮水器是居住区街道及公共场所为满足人的生理卫生要求而经常设置的供水设施，同时也是街道上的重要装点之一。

饮水器分为悬挂式饮水设备、独立式饮水设备和雕塑式水龙头等。

饮水器的高度宜在 800 mm 左右，供儿童使用的饮水器高度宜在 650 mm 左右，并应安装在高度为 100 ~ 200 mm 的踏台上。

饮水器的结构和高度还应考虑轮椅使用者的方便。

7.2.5　垃圾容器

（1）垃圾容器一般设在道路两侧和居住单元出入口附近的位置，其外观色彩及标志应符合垃圾分类收集的要求。

（2）垃圾容器分为固定式和移动式两种。普通垃圾箱的规格为高 60 ~ 80 cm，宽 50 ~ 60 cm。放置在公共广场的要求较大，高宜在 90 cm 左右，直径不宜超过 75 cm。

（3）垃圾容器应选择美观与功能兼备，并且与周围景观相协调产品，要求坚固耐用，不易倾倒。一般可采用不锈钢、木材、石材、混凝土、GRC、陶瓷材料制作。

7.2.6　座椅（具）

（1）座椅（具）是住区内提供人们休闲的不可缺少的设施，同时也可作为重要的装点景观进行设计。应结合环境规划来考虑座椅的造型和色彩，力争简洁适用。室外座椅（具）的选址应注重居民的休息和观景。

（2）室外座椅（具）的设计应满足人体舒适度的要求，普通座面高 38 ~ 40 cm、宽 40 ~ 45 cm。标准长度：单人椅为 60 cm 左右，双人椅为 120 cm 左右，三人椅为 180 cm 左右。靠背座椅的靠背倾角为 100° ~ 110°为宜。

（3）座椅（具）材料多为木材、石材、混凝土、陶瓷、金属、塑料等，应优先采用触感好的木材，木材应作防腐处理，座椅转角处应作磨边倒角处理。

7.3　信息标志

7.3.1　居住区信息标志可分为 4 类：名称标志、环境标志、指示标志、警示标志。

（1）信息标志的位置应醒目，且不应妨碍行人交通及景观环境。

（2）标志的色彩、造型设计应充分考虑其所在地区建筑、景观环境以及自身功能的需要。

（3）标志的用材应经久耐用，不易破损，方便维修。

（4）各种标志应确定统一的格调和背景色调以突出物业管理形象。

7.3.2　居住区主要标志项目（见附表 1-19）

附表 1-19　居住区主要标志项目

标志类别	标志内容	适用场所
名称标志	·标志牌 ·楼号牌 ·树木名称牌	
环境标志	·小区示意图	小区入口大门
	·街区示意图	小区入口大门
	·居住组团示意图	组团入口
	·停车场导向牌 ·公共设施分布示意图 ·自行车停放处示意图	
	·垃圾站位置图	

续表

标志类别	标志内容	适用场所
环境标志	·告示牌	会所、物业楼
指示标志	·出入口标志 ·导向标志 ·机动车导向标志 ·自行车导向标志 ·步道标志 ·定点标志	
警示标志	·禁止入内标志	变电所、变压器等
	·禁止踏入标志	草坪

7.4　栏杆、扶手

7.4.1　栏杆具有拦阻功能，也是分隔空间的一个重要构件。设计时应结合不同的使用场所，首先充分考虑栏杆的强度、稳定性和耐久性，其次考虑栏杆的造型美，突出其功能性和装饰性。常用材料有铸铁、铝合金、不锈钢、木材、竹子、混凝土等。

7.4.2　栏杆大致可分为以下 3 种。

（1）矮栏杆，高度为 30 ~ 40 cm，不妨碍视线，多用于绿地边缘。也可用于场地空间领域的划分。

（2）高栏杆，高度在 90 cm 左右，有较强的分隔与拦阻作用。

（3）防护栏杆，高度在 100 ~ 120 cm，超过人的重心，以起到防护围挡作用。一般设置在高台的边缘，可使人产生安全感。

7.4.3　扶手设置在坡道、台阶两侧，高度为 90 cm 左右，室外踏步级数超过了 3 级时必须设置扶手，以方便老人和残障人使用。供轮椅使用的坡道应设高度为 0.65 m 与 0.85 m 的两道扶手。

7.5　围栏、栅栏

7.5.1　围栏、栅栏具有限入、防护、分界等多种功能，立面构造多为栅状和网状、透空和半透空等几种形式。围栏一般采用铁制、钢制、木制、铝合金制、竹制等。栅栏竖杆的间距不应大于 110 mm。

7.5.2　围栏、栅栏设计高度（见附表 1-20）。

附表 1-20　围栏、栅栏设计高度

功能要求	高度/m
隔离绿化植物	0.4
限制车辆进出	0.5 ~ 0.7
标明分界区域	1.2 ~ 1.5
限制人员进出	1.8 ~ 2.0
供植物攀援	2.0 左右
隔噪声实栏	3.0 ~ 4.5

7.6　挡土墙

7.6.1　挡土墙的形式根据建设用地的实际情况经过结构设计确定。从结构形式分主要有重力式、半重力式、悬臂式和扶臂式挡土墙，从形态上分有直墙式和坡面式。

7.6.2　挡土墙的外观质感由用材确定，直接影响到挡墙的景观效果。毛石和条石砌筑的挡土墙要注重砌缝的交错排列方式和宽度；预制混凝土预制块挡土墙应设计出图案效果；嵌草皮的坡面上应铺上一定厚度的种植土，并加入改善土壤保温性的材料，利于草根系的生长。

7.6.3　常见挡土墙技术要求及适用场地（见附表 1-21）。

附表 1-21　常见挡土墙

挡墙类型	技术要求及适用场地
干砌石墙	墙高不超过 3 m，墙体顶部宽度宜为 450 ~ 600 mm，适用于可就地取材处
预制砌块墙	墙高不应超过 6 m，这种模块形式还适用于弧形或曲线形走向的挡墙
土方锚固式挡墙	用金属片或聚合物片将松散回填土方锚固在连锁的预制混凝土面板上。适用于挡墙面积较大时或需要进行填方处
仓式挡土墙/格间挡土墙	由钢筋混凝土连锁砌块和粒状填方构成，模块面层可有多种选择，如平滑面层、骨料外露面层、锤凿混凝土面层和条纹面层等。这种挡墙适用于使用特定挖举设备的大型项目以及空间有限的填方边缘
混凝土垛式挡土墙	用混凝土砌块垛砌成挡墙，然后立即进行土方回填。垛式支架与填方部分的高差不应大于 900 mm，以保证挡墙的稳固
木制垛式挡土墙	用于需要表现木质材料的景观设计。这种挡土墙不宜用于潮湿或寒冷地区，适宜用于乡村、干热地区
绿色挡土墙	结合挡土墙种植草坪植被。砌体倾斜度宜为 25° ~ 70°。尤其适用于雨量充足的气候带和有喷灌设备的场地

7.6.4　挡土墙必须设置排水孔，一般为每 3 m^2 设一个直径为 75 mm 的排水孔，墙内宜敷设渗水管，防止墙体内存水。钢筋混凝土挡土墙必须设伸缩缝，配筋墙体每 30 m 设一道，无筋墙体每 10 m 设一道。

7.7　坡道

7.7.1　坡道是交通和绿化系统中重要的设计元素之一，直接影响到使用和感观效果。居住区道路最大纵坡不应大于 8%；园路最大纵坡不应大于 4%；自行车专用道路最大纵坡控制在 5%以内；轮椅坡道一般为 6%，最大不超过 8.5%，并采用防滑路面；人行道纵坡不宜大于 2.5%。

7.7.2　坡度的视觉感受与适用场所（见附表 1-21）。

附表 1-22　坡度

坡度/%	视觉感受	适用场所	选择材料
1	平坡，行走方便，排水困难	渗水路面，局部活动场	地砖，料石
2 ~ 3	微坡，较平坦，活动方便	室外场地，车道，草皮路，绿化种植区，园路	混凝土，沥青，水刷石
4 ~ 10	缓坡，导向性强	草坪广场，自行车道	种植砖，砌块
10 ~ 25	陡坡，坡型明显	坡面草皮	种植砖，砌块

7.7.3　园路、人行道坡道宽一般为 1.2 m，但考虑到轮椅的通行，可设定为 1.5 m 以上，

有轮椅交错的地方其宽度应达到 1.8 m。

7.8　台阶

7.8.1　台阶在园林设计中起到不同高程之间的连接作用和引导视线的作用，可丰富空间的层次感，尤其是高差较大的台阶会形成不同的近景和远景的效果。

7.8.2　台阶的踏步高度（h）和宽度（b）是决定台阶舒适性的主要参数，两者的关系如下：$2h+b=(60\pm6)$ cm 为宜，一般室外踏步高度设计为 12 ~ 16 cm，踏步宽度为 30 ~ 35 cm，低于 10 cm 的高差，不宜设置台阶，可以考虑做成坡道。

7.8.3　台阶长度超过 3 m 或需改变攀登方向的地方，应在中间设置休息平台，平台宽度应大于 1.2 m，台阶坡度一般控制在 1/7 ~ 1/4 范围内，踏面应作防滑处理，并保持 1%的排水坡度。

7.8.4　为了方便人们晚间行走，台阶附近应设照明装置，人员集中的场所可在台阶踏步上暗装地灯。

7.8.5　过水台阶和跌流台阶的阶高可依据水流效果确定，同时也要考虑儿童进入时的防滑处理。

7.9　种植容器

7.9.1　花盆

（1）花盆是景观设计中传统种植器的一种形式。花盆具有可移动性和可组合性，能巧妙地点缀环境、烘托气氛。花盆的尺寸应适合所栽种植物的生长特性，有利于根茎的发育，一般可按以下标准选择：花草类盆深 20 cm 以上，灌木类盆深 40 cm 以上，中木类盆深 45 cm 以上。

（2）花盆的材质应具备一定的吸水保温能力，应不易引起盆内过热和干燥。花盆可独立摆放，也可成套摆放，采用模数化设计能够使单体组合成整体，形成大花坛。

（3）花盆用栽培土，应具有保湿性、渗水性和蓄肥性，其上部可铺撒树皮屑作覆盖层，起到保湿和装饰作用。

7.9.2　树池、树池箅

（1）树池是树木移植时根球（根钵）的所需空间，一般由树高、树径、根系的大小决定。

树池深度至少深于树根球以下 250 mm。

树池箅是树木根部的保护装置，它既可以保护树木根部免受践踏，又便于雨水的渗透和行人的安全。

（2）树池箅应选择能渗水的石材、卵石、砾石等天然材料，也可选择具有图案拼装的人工预制材料，如铸铁、混凝土、塑料等，这些护树面层宜做成格栅状，并能承受一般的车辆荷载。

7.9.3　树池及树池箅选用表（见附表 1-23）。

附表 1-23　树池及树池箅

树　高	树池尺寸/m		树池箅尺寸（直径）/m
	直　径	深　度	
3 m 左右	0.6	0.5	0.75
4 ~ 5 m	0.8	0.6	1.2
6 m 左右	1.2	0.9	1.5
7 m 左右	1.5	1.0	1.8
8 ~ 10 m	1.8	1.2	2.0

7.10 入口造型

7.10.1 居住区入口的空间形态应具有一定的开敞性，入口标志性造型（如门廊、门架、门柱、门洞等）应与居住区整体环境及建筑风格相协调，避免盲目追求豪华和气派。应根据住区规模和周围环境特点确定入口标志造型的体量尺度，达到新颖简单、轻巧美观的要求。同时要考虑与保安值班等用房的形体关系，构成有机的景观组合。

7.10.2 住宅单元入口是住宅区内体现院落特色的重要部位，入口造型设计（如门头、门廊、连接单元之间的连廊）除了功能要求外，还要突出装饰性和可识别性。要考虑安防、照明设备的位置和与无障碍坡道之间的相互关系，达到色彩和材质上的统一。所用建筑材料应具有易清洗、不易碰损等特点。

8 水景景观

水景景观以水为主。水景设计应结合场地气候、地形及水源条件。南方干热地区应尽可能为居住区居民提供亲水环境，北方地区在设计不结冰期的水景时，还必须考虑结冰期的枯水景观。

8.1 自然水景

8.1.1 自然水景与海、河、江、湖、溪相关联。这类水景设计必须服从原有自然生态景观，以及自然水景线与局部环境水体的空间关系，正确利用借景、对景等手法，充分发挥自然条件，形成纵向景观、横向景观和鸟瞰景观。应能融和居住区内部和外部的景观元素，创造出新的亲水居住形态。

8.1.2 自然水景的构成元素（见附表 1-24）。

附表 1-24 自然水景

景观元素	内　容
水体	水体流向，水体色彩，水体倒影，溪流，水源
沿水驳岸	沿水道路，沿岸建筑（码头、古建筑等），沙滩，雕石
水上跨越结构	桥梁，栈桥，索道
水边山体树木（远景）	山岳，丘陵，峭壁，林木
水生动植物（近景）	水面浮生植物，水下植物，鱼鸟类
水面天光映衬	光线折射漫射，水雾，云彩

8.1.3 驳岸。

（1）驳岸是亲水景观中应重点处理的部位。驳岸与水线形成的连续景观线是否能与环境相协调，不但取决于驳岸与水面间的高差关系，还取决于驳岸的类型及用材的选择，如附表 1-25 所示。

附表 1-25 驳岸

序号	驳岸类型	材质选用
1	普通驳岸	砌块（砖、石、混凝土）
2	缓坡驳岸	砌块，砌石（卵石、块石），人工海滩沙石
3	带河岸裙墙的驳岸	边框式绿化，木桩锚固卵石
4	阶梯驳岸	踏步砌块，仿木阶梯
5	带平台的驳岸	石砌平台
6	缓坡、阶梯复合驳岸	阶梯砌石，缓坡种植保护

（2）对居住区中的沿水驳岸（池岸），无论规模大小，无论是规则几何式驳岸（池岸）还是不规则驳岸（池岸），驳岸的高度、水的深浅设计都应满足人的亲水性要求，驳岸（池岸）应尽可能贴近水面，以人手能触摸到水为最佳。亲水环境中的其他设施（如水上平台、汀步、栈桥、栏索等），也应以人与水体的尺度关系为基准进行设计。

8.1.4　景观桥

（1）桥在自然水景和人工水景中都起到不可缺少的景观作用，其功能作用主要有：形成交通跨越点；横向分割河流和水面空间；形成地区标志物和视线集合点；眺望河流和水面的良好观景场所，其独特的造型具有自身的艺术价值。

（2）景观桥分为钢制桥、混凝土桥、拱桥、原木桥、锯材木桥、仿木桥、吊桥等。居住区一般采用木桥、仿木桥和石拱桥为主，体量不宜过大，应追求自然简洁，精工细作。

8.1.5　木栈道

（1）邻水木栈道为人们提供了行走、休息、观景和交流的多功能场所。由于木板材料具有一定的弹性和粗朴的质感，因此行走其上比一般石铺砖砌的栈道更为舒适。多用于要求较高的居住环境中。

（2）木栈道由表面平铺的面板（或密集排列的木条）和木方架空层两部分组成。木面板常用桉木、柚木、冷杉木、松木等木材，其厚度要根据下部木架空层的支撑点间距而定，一般为 3 ~ 5 cm 厚，板宽一般为 10 ~ 20 cm 之间，板与板之间宜留出 3 ~ 5 mm 宽的缝隙。不应采用企口拼接方式。面板不应直接铺在地面上，下部要有至少 2 cm 的架空层，以避免雨水的浸泡，保持木材底部的干燥通风。设在水面上的架空层，其木方的断面选用要经计算确定。

（3）木栈道所用木料必须进行严格的防腐和干燥处理。为了保持木质的本色和增强耐久性，用材在使用前应浸泡在透明的防腐液中 6 ~ 15 天，然后进行烘干或自然干燥，使含水量不大于 8%，以确保在长期使用中不产生变形。个别地区由于条件所限，也可采用涂刷桐油和防腐剂的方式进行防腐处理。

（4）连接、固定木板和木方的金属配件（如螺栓、支架等）应采用不锈钢或镀锌材料制作。

8.2　庭院水景

8.2.1　庭院水景通常为人工化水景为多。根据庭院空间的不同，采取多种手法进行引水造景（如叠水、溪流、瀑布、涉水池等），在场地中有自然水体的景观要保留利用，进行综合设计，使自然水景与人工水景融为一体。

8.2.2　庭院水景设计要借助水的动态效果营造充满活力的居住氛围。见附表 1-26。

附表 1-26　庭院水景设计

水体形态		水景效果			
		视觉	声响	飞溅	风中稳定性
静水	表面无干扰反射体（镜面水）	好	无	无	极好
	表面有干扰反射体（波纹）	好	无	无	极好
	表面有干扰反射体（鱼鳞波）	中等	无	无	极好
落水	水流速度快的水幕水堰	好	向	较大	好
	水流速度低的水幕水堰	中等	低	中等	尚可

续表

水体形态		水景效果			
		视觉	声响	飞溅	风中稳定性
落水	间断水流的水幕水堰	好	中等	较大	好
	动力喷涌、喷射水流	好	中等	较大	好
流淌	低流速平滑水墙	中等	小	无	极好
	中流速有纹路的水墙	极好	中等	中等	好
	低流速水溪、浅池	中等	无	无	极好
	高流速水溪、浅池	好	中等	无	极好
跌水	垂直方向瀑布跌水	好	中等	较大	极好
	不规则台阶状瀑布跌水	极好	中等	中等	好
	规则台阶状瀑布跌水	极好	中等	中等	好
	阶梯水池	好	中等	中等	极好
喷涌	水柱	好	中等	较大	尚可
	水雾	好	小	小	差
	水幕	好	小	小	差

8.2.3 瀑布跌水

（1）瀑布按其跌落形式分为滑落式、阶梯式、幕布式、丝带式等多种，并模仿自然景观，采用天然石材或仿石材设置瀑布的背景和引导水的流向（如景石、分流石、承瀑石等），考虑到观赏效果，不宜采用平整饰面的白色花岗石作为落水墙体。为了确保瀑布沿墙体、山体平稳滑落，应对落水口处山石作卷边处理，或对墙面作坡面处理。

（2）瀑布因其水量不同，会产生不同视觉、听觉效果，因此，落水口的水流量和落水高差的控制成为设计的关键参数，居住区内的人工瀑布落差宜在 1 m 以下。

（3）跌水是呈阶梯式的多级跌落瀑布，其梯级宽高比宜为 1∶1～3∶2，梯面宽度宜为 0.3～1.0 m。

8.2.4 溪流

（1）溪流的形态应根据环境条件、水量、流速、水深、水面宽和所用材料进行合理的设计。溪流可分为涉入式和不可涉入式 2 种。可涉入式溪流的水深应小于 0.3 m，以防止儿童溺水，同时水底应作防滑处理。可供儿童嬉水的溪流，应安装水循环和过滤装置。不可涉入式溪流宜种养适应当地气候条件的水生动植物，增强观赏性和趣味性。

（2）溪流配以山石可充分展现其自然风格（见附表 1-27）。

附表 1-27 溪流与山石搭配

序号	名称	效果	应用部位
1	主景石	形成视线焦点，起到对景作用，点题，说明溪流名称及内涵	溪流的首尾或转向处
2	隔水石	形成局部小落差和细流声响	铺在局部水线变化位置

续表

序号	名称	效果	应用部位
3	切水石	使水产生分流和波动	不规则布置在溪流中间
4	破浪石	使水产生分流和飞溅	用于坡度较大、水面较宽的溪流
5	河床石	观赏石材的自然造型和纹理	设在水面下
6	垫脚石	具有力度感和稳定感	用于支撑大石块
7	横卧石	调节水速和水流方向，形成隘口	溪流宽度变窄和转向处
8	铺底石	美化水底，种植苔藻	多采用卵石、砾石、水刷石、瓷砖铺在基底上
9	踏步石	装点水面，方便步行	横贯溪流，自然布置

（3）溪流的坡度应根据地理条件及排水要求而定。普通溪流的坡度宜为 0.5%，急流处为 3%左右，缓流处不超过 1%。溪流宽度宜在 1 ~ 2 m，水深一般为 0.3 ~ 1 m，超过 0.4 m 时，应在溪流边采取防护措施（如石栏、木栏、矮墙等）。为了使居住区内环境景观在视觉上更为开阔，可适当增大宽度或使溪流蜿蜒曲折。溪流水岸宜采用散石和块石，并与水生或湿地植物的配置相结合，减少人工造景的痕迹。

8.2.5 生态水池/涉水池

（1）生态水池是指既适于水下动植物生长，又能美化环境、调节气候、供人观赏的水景。在居住区里的生态水池多饲养观赏鱼虫和习水性植物（如鱼草、芦苇、荷花、莲花等），营造动物和植物互生互养的生态环境。

（2）水池的深度应根据饲养鱼的种类、数量和水草在水下生存的深度而确定。一般为 0.3 ~ 1.5 m，为了防止陆上动物的侵扰，池边平面与水面需保证有 0.15 m 的高差。水池壁与池底需平整以免伤鱼。池壁与池底以深色为佳。不足 0.3 m 的浅水池，池底可作艺术处理，显示水的清澈透明。池底与池畔宜设隔水层，池底隔水层上覆盖 0.3 ~ 0.5 m 厚的土，种植水草。

（3）涉水池。涉水池可分水面下涉水和水面上涉水 2 种。水面下涉水主要用于儿童嬉水，其深度不得超过 0.3m，池底必须进行防滑处理，不能种植苔藻类植物。水面上涉水主要用于跨越水面，应设置安全可靠的踏步平台和踏步石（汀步），面积不小于 0.4 m × 0.4 m，并满足连续跨越的要求。上述 2 种涉水方式应设水质过滤装置，保持水的清洁，以防儿童误饮池水。

8.3 泳池水景

8.3.1 泳池水景以静为主，营造一个让居住者在心理和体能上的放松环境，同时突出人的参与性特征（如游泳池、水上乐园、海滨浴场等）。居住区内设置的露天泳池不仅是锻炼身体和游乐的场所，也是邻里之间的重要交往场所。泳池的造型和水面也极具观赏价值。

8.3.2 游泳池

（1）居住区泳池设计必须符合游泳池设计的相关规定。泳池平面不宜做成正规比赛用池，池边尽可能采用优美的曲线，以加强水的动感。泳池根据功能需要尽可能分为儿童泳池和成人泳池，儿童泳池深度为 0.6 ~ 0.9 m 为宜，成人泳池为 1.2 ~ 2 m。儿童池与成人池可统一考虑设计，一般将儿童池放在较高位置，水经阶梯式或斜坡式跌水流入成人泳池，既保证了安全，又可丰富泳池的造型。

（2）池岸必须作圆角处理，铺设软质渗水地面或防滑地砖。泳池周围多种灌木和乔木，并提供休息和遮阳设施，有条件的小区可设计更衣室和供野餐的设备及区域。

8.3.3 人工海滩浅水池。人工海滩浅水池主要让人领略日光浴的锻炼。池底基层上多铺白色细砂，坡度由浅至深，一般为 0.2 ~ 0.6 m，驳岸须做成缓坡，以木桩固定细砂，水池附近应设计冲砂池，以便于更衣。

8.4 装饰水景

8.4.1 装饰水景不附带其他功能，起到赏心悦目、烘托环境的作用，这种水景往往构成环境景观的中心。装饰水景是通过人工对水流的控制（如排列、疏密、粗细、高低、大小、时间差等）达到艺术效果，并借助音乐和灯光的变化产生视觉上的冲击，进一步展示水体的活力和动态美，满足人的亲水要求。

8.4.2 喷泉

（1）喷泉是完全靠设备制造出的水量，对水的射流控制是关键环节，采用不同的手法进行组合，会出现多姿多彩的变化形态。

（2）喷泉景观的分类和适用场所（见附表 1-28）。

附表 1-28 喷泉景观

名称	主要特点	适用场所
壁泉	由墙壁、石壁和玻璃板上喷出，顺流而下形成水帘和多股水流	广场，居住区入口，景观墙，挡土墙，庭院
涌泉	水由下向上涌出，呈水柱状，高度 0.6～0.8 m 左右，可独立设置也可组成图案	广场，居住区入口，庭院，假山，水池
间歇泉	模拟自然界的地质现象，每隔一定时间喷出水柱和汽柱	溪流，小径，泳池边，假山
旱地泉	将喷泉管道和喷头下沉到地面以下，喷水时水流回落到广场硬质铺装上，沿地面坡度排出。平常可作为休闲广场	广场，居住区入口
跳泉	射流非常光滑稳定，可以准确落在受水孔中，在计算机控制下，生成可变化长度和跳跃时间的水流	庭院，园路边，休闲场所
跳球喷泉	射流呈光滑的水球，水球大小和间歇时间可控制	庭院，园路边，休闲场所
雾化喷泉	由多组微孔喷管组成，水流通过微孔喷出，看似雾状，多呈柱形和球形	庭院，广场，休闲场所
喷水盆	外观呈盆状，下有支柱，可分多级，出水系统简单，多为独立设置	园路边，庭院，休闲场所
小品喷泉	从雕塑伤口中的器具（罐、盆）和动物（鱼龙）口中出水，形象有趣	广场，群雕，庭院
组合喷泉	具有一定规模，喷水形式多样，有层次，有气势，喷射高度大	广场，居住区，入口

8.4.3 倒影池

（1）光和水的互相作用是水景景观的精华所在，倒影池就是利用光影在水面形成的倒影，扩大视觉空间，丰富景物的空间层次，增加景观的美感。倒影池极具装饰性，可做得十分精致，无论水池大小都能产生特殊的借景效果，花草、树木、小品、岩石前都可设置倒影池。

（2）倒影池的设计首先要保证池水一直处于平静状态，尽可能避免风的干扰。其次是池底要采用黑色和深绿色材料铺装（如黑色塑料、沥青胶泥、黑色面砖等），以增强水的镜面效果。

8.5　景观用水

8.5.1　给水排水

（1）景观给水一般用水点较分散，高程变化较大，通常采用树枝式管网和环状式管网布置。管网干管尽可能靠近供水点和水量调节设施，干管应避开道路（包括人行路）铺设，一般不超出绿化用地范围。

（2）要充分利用地形，采取拦、阻、蓄、分、导等方式进行有效排水，并考虑土壤对水分的吸收，注重保水保湿，利于植物的生长。与天然河渠相通的排水口，必须高于最高水位控制线，防止出现倒灌现象。

（3）给排水管宜用 UPVC 管，有条件的则采用铜管和不锈钢管给水管，优先选用离心式水泵，采用潜水泵的必须严防绝缘破坏导致水体带电。

8.5.2　浇灌水方式

（1）对面积较小的绿化种植区和行道树使用人工洒水灌溉。

（2）对面积较大的绿化种植区通常使用移动式喷灌系统和固定喷灌系统。

（3）对人工地基的栽植地面（如屋顶、平台）宜使用高效节能的滴灌系统。

8.5.3　水位控制。景观水位控制直接关系到造景效果，尤其对于喷射式水景更为敏感。在进行设计时，应考虑设置可靠的自动补水装置和溢流管路。较好的做法是采用独立的水位平衡水池和液压式水位控制阀，用联通管与水景水池连接。溢流管路应设置在水位平衡井中，保证景观水位的升降和射流的变化。

8.5.4　水体净化

（1）居住区水景的水质要求主要是确保景观性（如水的透明度、色度和浊度）和功能性（如养鱼、戏水等）。水景水处理的方法通常包括物理法、化学法、生物法 3 种。

（2）水处理分类和工艺原理，如附表 1-29 所示。

附表 1-29　水处理分类和工艺原理

分类名称		工艺原理	适用水体
物理法	定期换水	稀释水体中的有害污染物浓度，防止水体变质和富营养化发生	适用于各种不同类型的水体
	曝气法	① 向水体中补充氧气，以保证水生生物生命活动及微生物氧化分解有机物所需氧量，同时搅动水体达到水循环。② 曝气方式主要有自然跌水曝气和机械曝气	适用于较大型水体（如湖、养鱼池、水洼）
化学法	格栅—过滤—加药	通过机械过滤去除颗粒杂质，降低浊度，采用直接向水中投化学药剂，杀死藻类，以防水体富营养化	适用于水面面积和水量较小的场合
	格栅—气浮—过滤	通过气浮工艺去除藻类和其他污染物质，兼有向水中充氧曝气作用	适用于水面面积和水量较大的场合
	格栅—生物处理—气浮—过滤	在格栅—气浮—过滤工艺中增加了生物处理工艺，技术先进，处理效率高	适用于水面面积和水量较大的场合

续表

分类名称		工艺原理	适用水体
生物法	种植水生植物	以生态学原理为指导，将生态系统结构与功能应用于水质净化，充分利用自然净化	适用于观赏用水等多种场合
	养殖水生鱼类	与生物间的相克作用和食物链关系改善水质	

9　庇护性景观

9.1　概念

（1）庇护性景观构筑物是住区中重要的交往空间，是居民户外活动的集散点，既有开放性，又有遮蔽性，主要包括亭、廊、棚架、膜结构等。

（2）庇护性景观构筑物应邻近居民主要步行活动路线布置，易于通达。并作为一个景观点在视觉效果上加以认真推敲，确定其体量大小。

9.2　亭

9.2.1　亭是供人休息、遮阴、避雨的建筑，个别属于纪念性建筑和标志性建筑。亭的形式、尺寸、色彩、题材等应与所在居住区景观相适应、协调。亭的高度宜为 2.4 ~ 3 m，宽度宜为 2.4 ~ 3.6 m，立柱间距宜在 3 m 左右。木制凉亭应选用经过防腐处理的耐久性强的木材。

9.2.2　亭的形式和特点（见附表 1-30）。

附表 1-30　亭的形式和特点

名　称	特　点
山亭	设置在山顶和人造假山石上，多属标志性
靠山半亭	靠山体、假山石建造，显露半个亭身，多用于中式园林
靠墙半亭	靠墙体建造，显露半个亭身，多用于中式园林
桥亭	建在桥中部或桥头，具有遮蔽风雨和观赏的功能
廊亭	与廊相连接的亭，形成连续景观的节点
群亭	由多个亭有机组成，具有一定的体量和韵律
纪念亭	具有特定意义和誉名，或者代表院落名称
凉亭	以木制、竹制或其他轻质材料建造，多用于盘结悬垂类蔓生植物，亦常作为外部空间通道使用

9.3　廊

9.3.1　廊以有顶盖为主，可分为单层廊、双层廊和多层廊。

廊具有引导人流、引导视线、连接景观节点和供人休息的功能，其造型和长度也形成了自身有韵律感的连续景观效果。廊与景墙、花墙相结合，增加了观赏价值和文化内涵。

9.3.2　廊的宽度和高度设定应按人的尺度比例关系加以控制，避免过宽过高，一般高度宜为 2.2 ~ 2.5 m，宽度宜为 1.8 ~ 2.5 m。居住区内建筑与建筑之间的连廊尺度控制必须与主体建筑相适应。

9.3.3　柱廊是以柱构成的廊式空间，是一个既有开放性，又有限定性的空间，能增加环境景观的层次感。柱廊一般无顶盖或在柱头上加设装饰构架，靠柱子的排列产生效果，柱间距较大，纵列间距以 4～6 m 为宜，横列间距以 6～8 m 为宜，柱廊多用于广场、居住区主入口处。

9.4　棚架

9.4.1　棚架有分隔空间、连接景点、引导视线的作用，由于棚架顶部由植物覆盖而产生庇护作用，同时减少太阳对人的热辐射。有遮雨功能的棚架，可局部采用玻璃和透光塑料覆盖。适用于棚架的植物多为藤本植物。

9.4.2　棚架形式可分为门式、悬臂式和组合式。棚架高宜为 2.2～2.5 m，宽宜为 2.5～4 m，长度宜为 5～10 m，立柱间距为 2.4～2.7 m。

棚架下应设置供休息用的椅凳。

9.5　膜结构

9.5.1　张拉膜结构由于其材料的特殊性，能塑造出轻巧多变、优雅飘逸的建筑形态。作为标志建筑，应用于居住区的入口与广场上；作为遮阳庇护建筑，应用于露天平台、水池区域；作为建筑小品，应用于绿地中心、河湖附近及休闲场所。联体膜结构可模拟风帆海浪形成起伏的建筑轮廓线。

9.5.2　居住区内的膜结构设计应适应周围环境空间的要求，不宜做得过于夸张，位置选择则应避开消防通道。膜结构的悬索拉线埋点要隐蔽并远离人流活动区。

9.5.3　必须重视膜结构的前景和背景设计。膜结构一般为银白反光色，醒目鲜明，因此要以蓝天、较高的绿树或颜色偏冷、偏暖的建筑物为背景，形成较强烈的对比。前景要留出较开阔的场地，并设计水面，突出其倒影效果。如结合泛光照明可营造出富于想象力的夜景。

10　模拟化景观

10.1　概念

模拟化景观是现代造园手法的重要组成部分，它是以替代材料模仿真实材料，以人工造景模仿自然景观，以凝固模仿流动，是对自然景观的提炼和补充，运用得当则会超越自然景观的局限，达到特有的景观效果。

10.2　模拟景观分类及设计要点（见附表 1-31）

附表 1-31　模拟景观

分类名称	模仿对象	设计要点
假山石	模仿自然山体	① 采用天然石材进行人工堆砌再造。分观赏性假山和可攀登假山，后者必须采取安全措施。② 居住区堆山置石的体量不宜太大，构图应错落有致，选址一般在居住区入口、中心绿化区。③ 适应配置花草、树木和水流
人造山石	模仿天然石材	① 人造山石采用钢筋、钢丝网或玻璃钢作内衬，外喷抹水泥做成石材的纹理褶皱，喷色后似山石和海石，喷色是仿石的关键环节。② 人造石以观赏为主，在人经常蹬踏的部位须加厚填实，以增加其耐久性。③ 人造山石覆盖层下宜设计为渗水地面，以利于保持干燥
人造树木	模仿天然树木	① 人造树木一般采用塑料做枝叶，枯木和钢丝网抹灰做树干，可用于居住区入口和较干旱地区，具有一定的观赏性，可烘托局部的环境景观，但不宜大量采用。② 在建筑小品中应用仿木工艺，做成梁柱、绿竹小桥、木凳、树桩等，达到以假代真的目的，增强小品的耐久性和艺术性。③ 仿真树木的表皮装饰要求细致，切忌色彩夸张

续表

分类名称	模仿对象	设　计　要　点
枯水	模仿水流	① 多采用细砂和细石铺成流动的水状，应用于去居住区的草坪和凹地中，砂石以纯白为佳。② 可与石块、石板桥、石井及盆景植物组合，形成枯山水景观区。卵石的自然石块作为驳岸使用材料，塑造枯水的浸润痕迹。③ 以枯水形成的水渠河溪，也是供儿童游戏玩砂的场所，可设计出“过水”的汀步，方便活动人员的踩踏
人工草坪	模仿自然草坪	① 用塑料及织物制作，适用于小区广场的临时绿化区和屋顶上部。② 具有良好的渗水性，但不宜大面积使用
人工坡地	模仿波浪	① 将绿地草坪做成高低起伏、层次分明的造型，并在坡尖上铺带状白砂石，形成浪花。② 必须选择靠路和广场的适当位置，用矮墙砌出波浪起伏的断面形状，突出浪的动感
人工铺地	模仿水纹、海滩	① 采用灰瓦和小卵石，有层次、有规律地铺装成鱼鳞水纹，多用于庭院间园路。② 采用彩色面砖，并由浅变深逐步退晕，造成海滩效果，多用于水池和泳池边岸

11　高视点景观

11.1　概念

随着居住区密度的增加，住宅楼的层数也愈建愈多，居住者在很大程度上都处在由高点向下观景的位置，即形成高视点景观。这种设计不但要考虑地面景观序列沿水平方向展开，同时还要充分考虑垂直方向的景观序列和特有的视觉效果。

11.2　设计要点

11.2.1　高视点景观平面设计强调悦目和形式美，大致可分为两种布局。

（1）图案布局。具有明显的轴线、对称关系和几何形状，通过基地上的道路、花卉、绿化植物及硬铺装等组合而成，突出韵律及节奏感。

（2）自由布局。无明显的轴线和几何图案，通过基地上的园路、绿化种植、水面等组成（如高尔夫球练习场），突出场地的自然化。

11.2.2　在点线面的布置上，高视点设计应尽少地采用点和线，更多地强调面，即色块和色调的对比。色块由草坪色、水面色、铺地色、植物覆盖色等组成，相互之间应搭配合理，并以大色块为主，色块轮廓尽可能清晰。

11.2.3　植物搭配要突出疏密之间的对比。种植物应形成簇团状，不宜散点布置。草坪和辅地作为树木的背景要求显露出一定比例的面积，不宜采用灌木和乔木进行大面积覆盖。树木在光照下形成的阴影轮廓应能较完整地投在草坪上。

11.2.4　水面在高视点设计中占重要地位，只有在高点上才能看到水体的全貌或水池的优美造型。因而要对水池和泳池的底部色彩和图案进行精心地艺术处理（如贴反光片或勾画出海洋动物形象），充分发挥水的光感和动感，给人以意境之美。

11.2.5　视线之内的屋顶、平台（如亭、廊等）必须进行色彩处理遮盖（如盖有色瓦或绿化），改善其视觉效果。基地内的活动场所（如儿童游乐场、运动场等）的地面铺装要求作色彩处理。

12　照明景观

12.1　概念

12.1.1 居住区室外景观照明的目的主要有以下 4 个方面：（1）增强对物体的辨别性；（2）提高夜间出行的安全性；（3）保证居民晚间活动的正常开展；（4）营造环境氛围。

12.1.2 照明作为景观素材进行设计，既要符合夜间使用功能，又要考虑白天的造景效果，必须设计或选择造型优美别致的灯具，使之成为一道亮丽的风景线。

12.2 照明分类及适用场所（见附表 1-32）

附表 1-32 照明

照明分类	适用场所	参考照度/Lx	安装高度/m	注意事项
车行照明	居住区主次道路	10～20	4.0～6.0	① 灯具应选用带遮光罩下照明式。② 避免强光直射到住户屋内。③ 光线投射在路面上要均衡
	自行车、汽车场	10～30	2.5～4.0	
人行照明	步行台阶（小径）	10～20	0.6～1.2	① 避免炫光，采用较低处照明。② 光线宜柔和
	园路、草坪	10～50	0.3～1.2	
场地照明	运动场	100～200	4.0～6.0	① 多采用向下的照明方式。② 灯具的选择应有艺术性
	休闲广场	50～100	2.5～4.0	
	广场	150～300		
装饰照明	水下照明	150～400		① 水下照明应防水、防漏电，参与性较强的水池和泳池使用 12 V 安全电压。② 应禁用或少用霓虹灯和广告灯箱
	树木绿化	150～300		
	花坛、围墙	30～50		
	标志、门灯	200～300		
安全照明	交通出入口（单元门）	50～70		① 灯具应设在醒目位置。②为了方便疏散，应急灯设在侧壁上为好
	疏散口	50～70		
特写照明	浮雕	100～200		① 采用侧光、投光和泛光等多种形式。② 灯光色彩不宜太多。泛光不应直接射入室内
	雕塑、小品	150～500		
	建筑立面	150～200		

13 景观绿化种植物分类选用表

13.1 常见绿化树种分类表（见附表 1-33）。

附表 1-33 常见绿化树种

序号	分　类	植物例举
1	常绿针叶树	乔木类：雪松、黑松、龙柏、马尾松、桧柏。 灌木类：（罗汉松）、千头柏、翠柏、匍地柏、日本柳杉、五针松
2	落叶针叶树（无灌木）	乔木类：水杉、金钱松
3	常绿阔叶树	乔木类：香樟、广玉兰、女贞、棕榈。 灌木类：珊瑚树、大叶黄杨、瓜子黄杨、雀舌黄杨、枸骨、橘树、石楠、海桐、桂花、夹竹桃、黄馨、迎春、撒金珊瑚、南天竹、六月雪、小叶女贞、八角金盘、栀子、蚊母、山茶、金丝桃、杜鹃、丝兰（波罗花、剑麻）、苏铁（铁树）、十大功劳
4	落叶阔叶树	乔木类：垂柳、直柳、枫杨、龙爪柳、乌桕、槐树、青桐（中国梧桐）、悬铃木（法国梧桐）、槐树（国愧）、盘槐、合欢、银杏、楝树（苦楝）、梓树

续表

序号	分 类	植物例举
4	落叶阔叶树	灌木类：樱花、白玉兰、桃花、腊梅、紫薇、紫荆、槭树、青枫、红叶李、贴梗海棠、钟吊海棠、八仙花、麻叶绣球、金钟花（黄金条）、木芙蓉、木槿（槿树）、山麻杆（桂园树）、石榴
5	竹类	慈孝竹、观音竹、佛肚竹、碧玉镶黄金、黄金镶碧玉
6	藤本	紫藤、络实、地锦（爬山虎、爬墙虎）、常春藤
7	花卉	太阳花、长生菊、一串红、美人蕉、五色苋、甘蓝（球菜花）、菊花、兰花
8	草坪	天鹅绒草、结缕草、麦冬草、四季青草、高羊茅、马尼拉草

13.2 常用树木选用表（见附表 1-34）。

附表 1-34 常用树木选用表

名称	学 名	科别	树形	特 征
碧玉间黄金竹	*Phyllostachys vindis cv. Houzeauana*	禾本科	单生	杆翠绿，分枝一则纵沟显淡黄色适于庭院观赏
八角金盘	*Fatsia japonica*	五加科	伞形	性喜冷凉气候，耐阴性佳。叶形特殊而优雅，叶色浓绿且富光泽
白玉兰	*Magnolia denudata*	木兰科	伞形	颇耐寒，怕积水。花大洁白，3—4 月开花。适于庭园观赏
则柏	*Thuja onentalis Linn*	柏科	圆锥形	常绿乔木，幼时树形整齐，老大时多弯曲，生长强，寿命久，树姿美
彬树	*Faxinus insularis Hemsl*	木樨科	圆形	常绿乔木，树性强健，生长迅速，树姿、叶形优美
重阳木	*Bischoffia javanica Blanco*	大戟科	圆形	常绿乔木，幼叶发芽时，十分美观，生长强健，树姿美
垂柳	*Salix babylonica linn.*	杨柳科	伞形	落叶亚乔木，适于低温地，生长繁茂而迅速，树姿美观
慈孝竹	*Banbusa multiplex*	禾本科	丛生	杆丛生，杆细而长，枝叶秀丽，适于庭园观赏
翠柏	*Calocedrus macrolepis Kurz*	柏科	散形	常绿乔木，树皮灰褐色，呈不规则纵裂；小枝互生，幼时绿色，扁平
大王椰子	*Oreodoxa reqia H.B.K.*	棕榈科	伞形	单干直立，高可达 18 m，中央部稍肥大，羽状复叶，生活力甚强，观赏价值大
大叶黄杨	*Euonymus japonica*	卫矛科	卵形	喜温湿气候，抗有毒气体。观叶。适作绿篱和基础种植
枫树	*Liuidamdar formosana Hance.*	金缕梅科	圆锥形	落叶乔木，树皮灰色平滑，叶呈三角形，生长慢，树姿美观
枫杨	*Pterocarya stenoptera*	胡桃科	散形	适应性强，耐水湿，速生。适作庭荫树、行道树、护岸树

续表

名称	学 名	科别	树形	特 征
匍地柏	*Sabina procumbens*	柏科		常绿匍匐性矮灌木，枝干横生爬地，叶为刺叶。生长缓慢，树形风格独特，枝叶翠绿流畅。适作地被及庭石、水池、砂坑、斜坡等周边美化
佛肚竹	*Bambusa ventricosa*	禾本科	单生	竹的部分节间短缩而鼓胀，富有观赏价值，尤宜盆栽
假连翘	*Duranta repens*	马鞍草科	圆形	常绿灌木。适于大型盆栽、花槽、绿篱。黄叶假连翘以观叶为主，用途广泛，可作地被、修剪造型、构成图案或强调色彩配植，耀眼醒目
枸骨	*llex comuta*	冬青科	圆形	抗有毒气体，生长慢。绿叶红果，甚美。适于基础种植
构树	*Broussonetia papyrifera Vent.*	寿麻科	伞形	常绿乔木，叶巨大柔薄，枝条四散，姿态亦美
广玉兰	*Magnolia grandiflora L.*	木兰科	卵形	常绿乔木，花大清香，花色为白色，树形优美
桧柏	*Juniperus Chinensis Linn*	柏科	圆锥形	常绿乔木，树枝密生，深绿色，生长强健，宜于剪定，树姿美丽
海桐	*Pittosporum tobira*	海桐科	圆形	白花芬芳，5 月开花。适于基础种植，作绿篱或盆栽
海枣	*Phoenix dactylifera Linn*	棕榈科	伞形	干分蘖性，高可达 20 ~ 25 m，叶灰白色带弓形弯曲，生长强健，树姿美
旱柳	*Salix matsudana*	杨柳科	伞形	适作庭荫树、行道树、护岸树
合欢	*Albizia julibrissin*	豆科	伞形	花粉红色，6—7 月，适作庭荫观赏树、行道树
黑松	*Pinus Thumbergii Porl.*	松科	圆锥形	常绿乔木，树皮灰褐色，小枝橘黄色，叶硬二枚丛生，寿命长
红叶李	*Prunus cerasifera. F.arropurpurea*	蔷薇科	伞形	落叶小乔木，小枝光滑，红褐色，叶卵形，全紫红色，4 月开淡粉色小花，核果紫色。孤植、群植皆宜，衬托背景
华盛顿棕榈	*Washingtonia filifera Wend.*	棕榈科	伞形	单干圆柱状，基部肥大，高达 4 ~ 8m，叶身扇状圆形，生长健，树姿美
槐树	*Sophora japonica*	豆科	伞形	枝叶茂密，树冠宽广，适作庭荫树、行道树
黄槐	*Cassia glauca Lam.*	豆科	圆形	落叶乔木，偶数羽状复叶，花黄色，生长迅速，树姿美丽
鸡爪槭	*Acer palmatum*	槭树科	散形	叶形秀丽，秋叶红色。适于庭园观赏和盆栽
金钱松	*Pseudolarix amabilis Rehd.*	松科	卵状塔形	常绿乔木，枝叶扶疏，叶条形，长枝上互生，小叶放射状，树姿刚劲挺拔
酒瓶椰子	*Hyophorbe amaricaulis Mart.*	棕榈科	伞形	干高 3 m 左右，基部椭圆肥大，形成酒瓶状，姿态甚美

续表

名称	学　名	科别	树形	特　征
橘树	*Citrus reticulata*	芸香科	圆形	花白色，果黄绿，香。适于丛植
楝树	*Melia azedarch Linn.*	楝科	圆形	落叶乔木，树皮灰褐色，二回奇数，羽状复叶，花紫色，生长迅速
六月雪	*Serissa serissoides*	茜草科	圆形	常绿小灌木。叶色深绿，花色雪白，略淡粉红。枝叶纤细，质感佳，适合盆栽、低篱、地被、花坛、修剪造型
龙柏	*Juniperus chinensis var. Kaituka, Hort*	柏科	直立塔形	常绿中乔木，树枝密生，深绿色，生长强健，寿命甚久，树姿甚美
龙爪槐	*S. j. cv. Pendula*	豆科	伞形	枝下垂，适于庭园观赏，对植或列植
龙爪柳	*S. m. cv. Tortuosa*	杨柳科	圆形	枝条扭曲如龙游，适作庭荫树、观赏树
罗比亲王椰子	*Phehix Roebelenii Brien.*	棕榈科	伞形	干直立，高 2 m，叶柄薄而小，小叶互生，或对生，为美叶之优良品种
罗汉松	*Podocaarpus macrophyllus D. Don*	罗汉松科	长锥形	常绿乔木，风姿朴雅，可修剪为高级盆景素材，或整形为圆形、锥形、层状，以供庭园造景美化用
马尾松	*Pinus massoniana Lamb.*	松科	散形	常绿乔木，干皮红褐色，冬芽褐色，大树姿态雄伟
南天竺	*Nandina domestica*	小檗科	散形	枝叶秀丽，秋冬红果；庭园观赏，可丛植或盆栽
南洋杉	*Araucaria ecelsa Br.*	南洋杉科	圆锥形	常绿针叶乔木，枝轮生，下部下垂，叶深绿色，树姿美观，生长强健
女贞	*Ligustrum lucidum*	木犀科	卵形	花白色，6 月开花。适作绿篱或行道树
蒲葵	*Livistona chinensis R. Br.*	棕榈科	伞形	干直立可高达 6～12 m，叶圆形，叶柄边缘有刺，生长繁茂，姿态雅致
千头柏	*Junlperus chinensis cv. Globosa.*	柏科	阔圆形	灌木，无主干，枝条丛生
青枫	*Acer serrulatum*	槭树科	伞状圆锥形	落叶乔木。干直立。树姿轻盈柔美，可养成造型高贵的盆景，为优雅的行道树、园景树、林浴树
雀舌黄杨	*B. bodinieri*	黄杨科	卵形	枝叶细密，适于庭园观赏。可丛植，亦可作绿篱或盆栽
日本柳杉	*Cryptomeria japonica D. Don*	杉科	圆锥形，卵形，圆形	常绿乔木。枝条轮生，婉柔下垂。叶冬季变为褐色，翌春变为绿色
榕树	*Ficus retusa Linn*	桑科	圆形	常绿乔木，干及枝有气根，叶倒卵形平滑，生长迅速，宜于各式剪定
洒金珊瑚	*Aucuba japonica cv. Variegata*	山茱萸科	伞形	喜温暖温润，不耐寒。叶有黄斑点，果红色。适于庭院种植或盆栽
珊瑚树	*Viburnum awabuki*	忍冬科	卵形	6 月开白花，9—10 月结红果。适作绿篱和庭园观赏
山麻杆	*Alchornea davidii Franch*	大戟科	卵形	落叶花灌木，适于观姿观花

续表

名称	学　名	科别	树形	特　征
十大功劳	*Mahonia fortunei*	小檗科	伞形	花黄色，果实蓝黑色。适于庭园观赏和作绿篱
石榴	*Punica granatum*	石榴科	伞形	耐寒，适应性强。5—6月开花，花红色，果红色。适于庭园观赏
石楠	*Photinia serrulata*	蔷薇科	卵形	喜温暖，耐干旱瘠薄。嫩叶红色，秋冬红果，适于丛植和庭院观赏
水杉	*Metasequo glyptostroboides*	杉科	塔形	落叶乔木。植株巨大，枝叶繁茂，小枝下垂，叶条状，色多变，适应于集中成片造林或丛植
丝兰	*Y. flaccida*	百合科	簇生	花乳白色，6—7月开花。适于庭园观赏和丛植
苏铁	*Cycas revoluta*	苏铁科	伞形	性强健，树姿优美，四季常青。属低维护树种。适于大型盆栽、花槽栽植，可作为主木或添景树。水池、庭石周边、草坪、道路美化皆宜
蚊母	*Distylium racemosum*	金缕梅科	伞形	花紫红色，4月开花。适作庭荫树
乌桕	*Sapium sebiferum*	大戟科	锥形或圆形	树性强健，落叶前红叶似枫，适作行道树、园景树、林浴树
五针松	*Pinus parviflora*	松科	散形	常绿乔木。干苍枝劲，翠叶葱茏。最宜与假山石配置成景，或配以牡丹、杜鹃、梅或红枫
梧桐	*Sterculia platanifolia L.*	梧桐科	卵形	常绿乔木，叶面阔大，生长迅速，幼有直立，老大树冠分散
相思树	*Acacia confusa Merr.*	豆科	伞形	常绿乔木，树皮幼时平滑，老大时粗糙，干多弯曲，生长力强
香樟	*Cinnamomun camphcra*	香樟科	球形	常绿大乔木，叶互生，三出脉，二香气，浆果球形
小叶黄杨	*Buxus sinica*	黄杨科	卵形	常绿小灌木。叶革质，深绿富光泽。枝叶浓密，终年不凋，适于大型盆景、花槽、绿篱、地被
小叶女贞	*L. quihoui*	木樨科	伞形	花小，白色，5—7月开花。适于庭园观赏和绿篱
悬铃木	*Platanus x acerifolia*	悬铃木科	卵形	喜温暖，抗污染，耐修剪。冠大荫浓，适作行道树和庭荫树
雪松	*Cedrus deodara*	松科	圆锥形	常绿大乔木，树姿雄伟
银杏	*Ginkgo biloba*	银杏科	伞形	秋叶黄色，适作庭荫树、行道树
印度橡胶树	*Ficus elastica Roxb.*	桑科	圆形	常绿乔木，树皮平滑，叶长椭圆形，嫩叶披针形，淡红色，生长速
樟树	*Cinnamomum camphora Nees.*	樟科	圆形	常绿乔木，树皮有纵裂，叶互生革质生长快，寿命长，树姿美观
梓树	*Catalpa ovata*	紫葳科	伞形	适生于温带地区，抗污染，花黄白色，5—6月开花。适作庭荫树、行道树
棕榈	*Trachycarpus excelsus Wend.*	棕榈科	伞形	干直立，高可达8～15 m，叶圆形，叶柄长，耐低温，生长强健，姿态亦美
棕竹	*Rhapis humilis Blume.*	棕榈科	伞形	干细长，高1～5 m，丛生，生长力旺盛，树姿美

13.3 常用草花选用表（见附表 1-35）。

附表 1-35 常用草花选用表

名称	学 名	开花期	花色	株高	用途	备注
百合	*Lilium spp.*	4—6 月	白、其他	60～90cm	切花、盆栽	
百日草	*Zinnia elegans Jacq.*	5—7 月	红、紫、白、黄	30～40cm	花坛、切花	分单复瓣，有大轮的优良种
彩叶芋	*Caladium bicolor Vent.*	5—8 月	白、红、斑	20～30cm	盆栽	观赏叶
草夹竹桃	*Phlox paniculata L.*	2—5 月	各色	30～50cm	花坛、切花、盆栽	
常春花	*Vinca rosea L.*	6—8 月	白、淡红	30～50cm	花坛、绿植、切花	花期长，适于周年栽培
雏菊	*Bellis parennis L.*	2—5 月	白、淡红	10～20cm	缘植、盆栽	易栽培
葱兰	*Tephyranthes caudida Herb.*	5—7 月	白	15～20cm	缘植	繁殖力强、易栽培
翠菊	*Calstephus chinensis Nees.*	3—4 月	白、紫、红	20～60cm	花坛、切花、盆栽、缘植	三寸翠菊12 月开花
大波斯菊	*Cosmas biqinnatus Cav.*	9—10 月、3—5 月	白、红、淡紫	90～150cm	花坛、境栽	周年可栽培、欲茎低需摘心
大丽花	*Dahlia spp.*	11—6 月	各色	60～90cm	切花、花坛、盆栽	
大岩桐	*Sinningia speciosa Benth & Hook.*	2—6 月	各色	15～20cm	盆栽	过湿时易腐败，栽培难
吊钟花	*Pensfemon campanalatus Wild.*	3—8 月	紫	30～60cm	花坛、切花、盆栽	宿根性
法兰西菊	*Chrysanthemum frutes*	3—5 月	白	30～40cm	花坛、切花、盆栽、境栽	
飞燕草	*Delphinium ahacis L.*	3 月	紫、白、淡黄	50～90cm	花坛、切花、盆栽、境栽	花期长
凤仙花	*Impatiens baisamina L.*	5—7 月	赤红、淡红、紫斑	30cm	花坛、缘植	易栽培，可周年开花，夏季生育良好
孤挺花	*Amaryllis belladonna L.*	3—5 月	红、桃、赤斑	50～60cm	花坛、切花、盆栽	以种子繁殖时需 2～3 年始开花，常变种

续表

名称	学　名	开花期	花色	株高	用途	备注
瓜叶菊	*Senecioa cruentus D.C.*	2—4 月	各色	30～50cm	盆栽	须移植2～3次
瓜叶葵	*Helianthus cucumerifolius Torr & Gray.*	4—7 月	黄	60～90cm	花坛、切花	分株为主，适于初夏切花
红叶草	*Iresine herbstii*	3—6 月	白、红	30～50cm	缘植	最适于秋季花坛缘植观赏叶
鸡冠花	*Celosia cristate L.*	8—11 月	红、赤、黄	60～90cm	花坛、切花	花坛中央或境栽
金鸡菊	*Coreopsis drummcndii Toor.*	5—8 月、翌年 3—5 月	黄	60cm	花坛、切花	种类多、花性强、易栽
金莲花	*Tropceolum majus L.*	2—5 月	赤、黄	蔓性	盆栽	有矮性种
金鱼草	*Antirrhinum mahus L.*	2—5 月	各色	30～90cm	花坛、切花、盆栽、境栽	易栽
金盏菊	*Calendula officinalis L.*	2—5 月	黄、橙黄	30～50cm	花坛、切花	
桔梗	*Platycodon grandiflorun A.D.C.*	4—5 月	紫、白	50～90cm	花坛、切花、盆栽、缘植	宿根性有复瓣花
菊花	*Chrysanthemum spp.*	10—12 月	各色	50～90cm	花坛、切花、盆栽	生育中须注意病虫害
孔雀草	*Tazetes patula L.*	5—6 月、翌年 12—3 月	黄、红	30～50cm	花坛、切花、境栽	易栽培
兰花	*Cymbidium spp.*	2—3 月	红、黄、白、绿、紫、黑及复色	20～40cm	盆栽、自然布置	
麦秆菊	*Ammobium alatum R.*	4—7 月	白、红、黄、淡红	50～90cm	花坛、境栽	秋播花大，春播花小
美女樱	*Verbena phlegiflora cham.*	3—6 月	红、紫、淡红	30～50cm	花坛、切花	欲茂盛须摘心
美人蕉	*Canna generalis*	夏、秋	白、红、黄、杂色	80～100cm	花坛、列植	
茑萝	*Quamoclit vulgaais Cyosiy.*	6—10 月	红、白	蔓性	垣、园门、境栽	蔓性易繁茂、花小
牵牛花	*Ipomcea purpurea L.*	6—8 月	各色	蔓性	绿篱、盆栽	品种颇多
千日红	*Comphrena globsa L.*	6—8 月	紫、白、桃	30～60cm	花坛、缘植	夏季生育良好
秋海棠	*Begonia spp.*	4—5 月	红、淡红	10～20cm	盆栽	可全年观赏

续表

名称	学　名	开花期	花色	株高	用途	备注
三色堇	*Viola tricolor L.*	2—5 月	黄、白、紫斑等	10～20cm	缘植、盆栽	好肥沃土地
十支莲	*Portulaca grundiflora Hook.*	6—8 月	黄、白、红、赤斑	20cm	花坛、盆栽	好高温及日照
矢车菊	*Centaurea cyanus L.*	4—5 月	蓝、白、灰、淡红	50～90cm	花坛、切花、盆栽、境栽	肥料多易发腐败病
石竹	*Dianthus chinenis L.*	1—5 月	各色	20～40cm	花坛、盆栽、切花	分歧性、丛性
水仙	*Narcissus spp.*	1—3 月	白、黄	15～40cm	盆栽	好肥沃土地
睡莲	*Nymphaea spp.*	6—10 月	白、黄、红	50～80cm	池	用肥沃土壤盆栽
蜀葵	*Althaea roseo Cav.*	3—6 月	红、淡红	100～200cm	寄植	适于花坛中央寄植
太阳花	*Portulaca grandiflora*	6—8 月	白、黄、红、紫红等	15～20cm	花坛、境栽、缘植、盆栽	
唐菖蒲	*Gladiolus spp.*	3—6 月	各色	60～90cm	切花、盆栽	排水良好肥沃的土地能产生良好的球茎
天竺葵	*Pelargonium inguinans.*	周年 5—7 月	红、桃等	20～30cm	切花、盆栽	花期长
万寿菊	*Ragetes erecta L.*	5—8 月周年	黄、橙黄	60～90cm	花坛、绿植	易栽培
五色苋	*Alternanthera bettzichiana*	12 月—翌年 2 月	叶面有红、蓼、紫绿色叶脉及斑点	40～50cm	毛毡花坛	
勿忘我	*Myosotis sorpioides L.*	3—5 月	紫	20～30cm	花坛、切花	为青年人所称道而有名
夕颜	*Calonyction aculctum House.*	6—8 月	白	蔓性	绿篱、盆栽	
霞草	*Gypsophila panivulate Biob.*	3—5 月	白	30～50cm	寄植	易栽培、花期长
香石竹	*Dianthus caryoplhyus L.*	1—5 月	白、赤、蓝、黄、斑等	30～50cm	花坛、盆栽、切花	欲生长良好须在 9 月插本，适于桌上装饰
香豌豆	*Lathyrts osoratus L.*	11 月—翌年 5 月	各色	100～200cm	寄植	好肥沃土地须直播，移植不能结果

续表

名称	学　名	开花期	花色	株高	用途	备注
香紫罗兰	*Cheiranthus chirt L.*	3—5 月	黄、淡红、白	30～60cm	花坛、切花、盆栽	
向日葵	*Helianthus annus L.*	6—8 月	黄	1m 左右	花坛、境栽	植花坛中央或后方为宜
小苍兰	*Freesia refracta Klett.*	2—4 月	各色	30～40cm	切花、盆栽、花坛	
雁来红	*Amaranthus tricolor L.*	8—11 月	红、赤、黄	1m 左右	花坛、切花	观叶栽培
一串红	*Salvia splerdens Sello*	周年 2—3，11 月	红赤等	60～90cm	花坛、切花	性强易栽
樱草花	*Cyclamen perslcum Mill.*	4—6 月	桃、淡红	15～20cm	盆栽	栽培难，管理须周到
郁金香	*Tulipa gesneriana L.*	3—5 月	红、白、黄、其他	20～40cm	花坛、盆栽	
虞美人	*Papaver rhoeas L.*	3—5 月	红、白	50～60cm	花坛、盆栽	忌移植
羽扇豆	*Lupinus perennis L.*	3—5 月	红、黄、紫	50～90cm	花坛、切花、盆栽	忌移植、须直播
羽衣甘蓝	*Brassica Oleracea var acephala f. tricolor*	4 月	叶色多变。外叶翠绿，内叶粉、红、白等	30～40cm	花坛	喜冷凉温和气候，耐寒、耐热能力强
樱草	*Primula cortusides L.*	3—5 月	白、赤、桃、黄	15～30cm	盆栽、切花	发芽时须注意
紫罗兰	*Matthiola incana R. Br.*	3—4 月	红、淡红	30～50cm	花坛、切花、盆栽	
紫茉莉	*Mirabilisj alapa L.*	6—7 月	赤、淡红、白	60～90cm	花坛	宿根性周年生育
酢浆草	*Oxalis cariabilis Jacq.*	3—4 月	黄、淡红	15～20cm	盆栽、缘植